国家重点研究与发展计划"云计算与大数据"
专项课题（2018YFB1005100）

自然语言结构计算
GPF结构分析框架

荀恩东◎著

人民邮电出版社
北　京

图书在版编目（CIP）数据

自然语言结构计算：GPF结构分析框架 / 荀恩东著
. -- 北京：人民邮电出版社，2022.11
ISBN 978-7-115-59693-2

Ⅰ．①自… Ⅱ．①荀… Ⅲ．①自然语言处理 Ⅳ.
①TP391

中国版本图书馆CIP数据核字(2022)第121304号

内容提要

自然语言在语法、语义和语用三个平面上的结构统称为语言结构，通过计算得到语言结构是自然语言理解的核心任务。语言结构计算可以泛化为识别语言单元和建立语言单元之间的关系、为语言单元和关系赋予属性的过程。本书利用网格结构分析语言单元和关系，通过键值方式对其属性进行描述和计算，采用数据表解析不同类型的知识，借助有限状态自动机剖析语言的具体应用场景。这种基于网格的自然语言结构分析框架（Grid based Parsing Framework，GPF）具有良好的包容性，通过可编程的脚本和数据交换标准接口，融合了深度学习的参数计算和基于符号的知识计算。GPF 为自然语言处理研究和应用提供了新的研究思路和计算框架。

本书适合专业为自然语言处理、计算语言学以及与语言学本体研究有关的学生当作教材，也可以作为高等院校人工智能、信息科学研究、大数据分析等相关专业的参考书。同时，本书也适合对语料库建设与应用感兴趣的人员阅读。

- ◆ 著　　　　荀恩东
　　责任编辑　刘亚珍
　　责任印制　彭志环
- ◆ 人民邮电出版社出版发行　　北京市丰台区成寿寺路 11 号
　　邮编　100164　电子邮件　315@ptpress.com.cn
　　网址　https://www.ptpress.com.cn
　　大厂回族自治县聚鑫印刷有限责任公司印刷
- ◆ 开本：700×1000　1/16
　　印张：17　　　　　　　　　　2022 年 11 月第 1 版
　　字数：278 千字　　　　　　　2022 年 11 月河北第 1 次印刷

定价：88.00 元

读者服务热线：(010)81055493　印装质量热线：(010)81055316
反盗版热线：(010)81055315
广告经营许可证：京东市监广登字 20170147 号

推荐序

一个具有认知智能的计算系统，知识是核心。知识一般包括表示知识、获取知识和应用知识3个方面。自然语言是人类认知的工具，自然语言处理是典型的认知智能，其主要任务也是解决有关知识的3个方面的问题。

自然语言是符号系统，一个词、一句话和一个段落的表达，不管长短，都是符号的序列。自然语言处理的核心是语义理解，即理解符号后面所表达的意义。

如何表示语义知识、如何获取支持语义分析的知识、如何设计和实现应用语义知识的算法或策略，这些都是自然语言处理中重要的问题。

其中，语义知识包括语义分析结果的知识表示和过程中运用到的知识表示。目前，深度学习方法是自然语言处理的主流方法，采用的是数据驱动、端到端解决问题。语义分析结果中的知识表示直接关联到任务的目标。语义分析过程中的知识表示蕴含在神经网络中，并通过网络参数计算来实现隐式知识的运用。

当前，预训练大模型成为自然语言处理研究的热点，从语言大数据中训练得到的语言模型，其性能达到之前的方法难以企及的精度，学术界和产业界正在深入挖掘预训练大模型潜能，寻找通用的方法，解决自然语言处理中的各种问题。

深度学习方法取得巨大成功，同时也遇到较多问题。这些问题主要包括可解释性和可控性数据标注和算法代价等。这些问题得到学术界的普遍关注和讨论，可以设想，在预训练大模型红利挖掘到极致以后，这些问题必然成为新的研究热点。

荀恩东教授撰写的《自然语言结构计算——GPF 结构分析框架》《自然语

言结构计算——BCC 语料库》《自然语言结构计算——意合图理论和技术》3本图书，涉及自然语言处理有关语义知识的 3 个方面。这 3 本图书提出了意合图作为语义分析结果的一般表征；开发了北京语言大学语料库中心（Beijing Language and Culture University Corpus Center，BCC）语料库系统，从语言大数据中挖掘语言知识；利用基于网格的自然语言分析框架（Grid based Parsing Framework，GPF）进行语义计算。

其中，意合图中包括事件结构、情态结构和实体间的关系结构，意合图也把各个层级的语言处理对象，包括词、短语、句子和篇章等做了一致性表示，意合图理论把语义表示，尤其针对汉语的语义表示推向一个新的高度。

BCC 语料库及技术支持从语言大数据中检索和挖掘知识，具有较为突出的特色和专长。它可以非常高效地从海量的、带有层次结构信息的大数据中挖掘语言知识，BBC 的查询表达式形式简约、功能强大。荀恩东教授在过去近 10 年的时间里，把 BCC 语料库默默地开放，供学术界免费使用，如今，它已经成为语言学领域的相关学者首选的在线语料库。

GPF 在系统地论述语言结构和分析方法的基础上，创造性地提出了基于知识的语言结构分析方法，把语言结构分析泛化表示为图的计算，把图的顶点和边泛化表示为语言单元和关系。采用网格结构把语言单元和关系内含其中，这种方式既简单又直接，为语言分析、知识计算提供了新的工具和思路。GPF 的泛化可编程计算框架具有较好的包容性，它可以融合深度学习的参数计算和基于符号的知识计算，这样的处理方法为自然语言处理研究和应用提供了新的研究思路和编程框架。

我和荀恩东教授曾经是哈尔滨工业大学（以下简称哈工大）的同学、微软亚洲研究院的同事，又长期在同一个研究领域工作，至今相识相交了 20 余年。哈工大是工程师的摇篮，在与他一起工作的多年中，我一直认为他是科研领域工匠精神的代表，他对编写程序的痴迷、软件开发的超强功力，在我身边的朋友中无出其右。目前，他已 50 多岁，仍然坚持写代码，在中国现有大学相关计算机的学院中，是非常罕见的！尤其他还是学校的教授、院长，平时要承担繁重的教学、科研任务，担负重要的行政职责，他的职业精神，更是难得。

近年来，我对荀恩东教授有了全新的认识，可能是环境的浸润，在北京语言大学浓厚的文化氛围的影响下，他从学理上对语言的奥秘产生了浓厚的兴趣，并持之以恒深入探究。也可能是随着年龄的增长，他的内心变得愈发沉静、洒脱，能够在日常事务之余静下心来，系统地总结、梳理面向自然语言处理的语言知识结构，多年来的心血凝结为沉甸甸的 3 本图书。同时，他深厚的计算机工程底蕴决定了他写的图书是文科与工科交叉的，是从自然语言处理工程实践中总结提炼的问题和方法，这是有别于一般语言学家的著作的。另外，他在 3 本图书中体现出来的创新精神，也令我赞叹，面对中国的语言文字，他的图书体现了中国学者的气派和自信。

总之，我认识的荀恩东，从一名工程师成为一名文科与工科交叉的学者，我衷心地祝愿他写的 3 本图书中所贡献的学术思想和专业知识能够给自然语言处理领域的学者、工程师带来启发。

荀恩东教授出版 3 本关于计算语言学图书的事情，让我联想到哈工大计算机专业有一位老校友鲁川先生。他 1961 年毕业，是中国中文信息学会计算语言学专委会首任主任，他出版了专著《汉语语法的意合网络》，该书被语言学家胡明扬认为是计算机专家写的第一部现代汉语语言研究方面的著作。哈工大计算机人求真务实，尊重自己对学术的兴趣，勇于突破"文工"的学科边界，这种精神、这种做法，值得赞赏、值得传承。

哈尔滨工业大学教授

刘挺

2022 年 6 月 13 日

序

　　1994 年，在本科毕业 4 年后，我重回哈尔滨工业大学（哈工大）读研，从本科的工程力学专业转为计算机科学与工程专业，进入自然语言处理领域。人生总有些事不那么符合逻辑，但它却真实地发生了。不擅长说、不擅长写、语言能力较弱的我，职业生涯却与语言结下不解之缘。

　　2003 年，我博士毕业 4 年后，做了距离语言更近的选择，进入北京语言大学当老师。我当时的想法是，利用自己在语言、语音领域的专业技能和经验，投身语言教育技术的研究和开发。之后的 10 多年，我主持研发出多种语言辅助学习软件，帮助留学生学习汉语，包括语音评判、汉字书写、作文评判、卡片汉语等。

　　从 2007 年开始，我断断续续开发了多个语料库系统，这些语料库包括动态作文语料库检索系统和 BCC 语料库系统。目前，这两个语料库系统不间断地为用户免费提供了 15 年的在线服务。BCC 语料库系统已经成为语言学研究必不可少的语料库工具之一。

　　从 2014 年开始，我在教育技术方面没有再进行新的尝试，重新回到自然语言处理的研究方向，重点研究汉语的句法语义分析。直到 2020 年年底，我受学校征召开始研发国际中文智慧教学平台。

　　2015 年，我申请到了一项国家社科基金重点项目，题目为汉语语块研究及知识库建设。2015 年，北京语言大学申请到了“北京高等学校高精尖创新中心建设计划”，成立了语言资源高精尖创新中心，在该中心经费的支持下，设立了“句法语义分析及其应用开发”的课题，我研究和开发的兴趣从教育技术彻底转到了句法语义分析。当时的基本想法是，深挖语言学中可以借用的理论和方法，结合大数据和深度学习方法，在汉语句法分析阶段淡化词的边界，探讨生成以语块为单位的句法结构；同时，借助句法分析结构和大规模语言知识资源，打通句法到语义的通道，完成深度语义分析的目标；试图在不进行语义标注的前提下，研发具有一般性的语义分析框架。在领域应用时，借助领域知识，通过符号计算，完成语义分析的应用落地。

我坚持当时的初衷，一路走到现在。"自然语言结构计算"系列图书阶段性地总结了这些年来的工作，其目的有 3 个：一是为自己，梳理已有的工作，出版图书作为我们团队的工作手册，以此为起点，再启航、再前行；二是为同行，分享这些年来我的工作成果，或批判、或借鉴；三是为学生，作为新开设的"自然语言结构计算"课程的参考书，助力学校培养具有语言学素养的自然语言处理人才。

其中，《自然语言结构计算——GPF 结构分析框架》介绍了一种以符号计算为总控的可编程框架。该框架在总结汉语句法语义分析工作的基础上，抽象出支持一般性语言结构计算的方法。该框架具有通用性和开放性的特点，可用于分析自然语言的语法结构、语义结构和语用结构，而不是仅仅服务于意合图的生成。

《自然语言结构计算——意合图理论和技术》介绍了意合图这一语义表示体系、生成意合图的中间句法结构——组块依存结构，以及如何利用《自然语言结构计算——GPF 结构分析框架》中的计算框架生成意合图。

《自然语言结构计算——BCC 语料库》介绍了 BCC 相关的工作，即如何从语言大数据中进行语言结构检索和知识挖掘，重点解析了 BCC 语料库检索技术、BCC 在线语料库服务，以及如何利用 BCC 进行语言知识获取等。

这些年，我在学校外面做学术交流，当别人知道我是来自北京语言大学的老师，他们会惯性地认为我是做语言学研究的学者，但是实际情况并非如此。我在北京语言大学工作的 20 多年，虽然没有做语言学本体相关的研究工作，但深受语言学的影响和启发。

在北京语言大学，一个语言学家聚集的地方，经常有机会接触到不同方向的语言学学者。在学校，几乎每周都有语言学相关的报告、讲座。在不断的熏陶之下，我开始深入学习语言学研究的各个方向，并思考能否借鉴语言学的观点和方法来解决自然语言处理的问题，尝试做好语言学和计算机深入结合的工作。

在北京语言大学，做讲座、做报告，经常遇到学生提问这样一个问题：语言学能否助力自然语言处理？我每次给学生的答案都是肯定的、毫不犹豫的，语言学是一定可以助力自然语言处理的。但是，语言学怎样助力自然语言处理？学术界一直在探索合适的方法和路径。从之前的统计与规则结合，到现在的深度学习与知识结合，尤其是当统计或深度学习遇到瓶颈的时候，这一直是热门话题。实际上，目前，自然语言处理并没有从博大精深的语言学中获得足够的科学理论和方法的支持。

语言学是道，自然语言处理是术。道术不可分，从事两个领域研究的学者关注点不同。少量的学者跨越两边，何其幸运，我算是其中之一。在北京语言大学工作久了，外面的人都把我当作研究语言学的学者。这些年，人工智能（Artificial Intelligence，AI）、深度学习受到追捧，自然语言处理（Natural Language Processing，NLP）也随着深度学习算法不断优化，NLP 吞入的数据量越来越大，发展速度越来越快，进入 NLP 这个领域的学者和开发人员也越来越多，但是语言学的声音却越来越少。我作为一个地道的工科男，身在北京语言大学，脱离"主流"，专心研究知识和符号计算，探索汉语语义的分析技术和方法，有失有得。我"得"的是可以沉下心，坚持做一件事。

句法分析是在形式上研究语言的语法结构。不同语言学观点有不同的语法结构理论，哪种结构好，哪种结构不好，如果脱离句法分析的目标，那么将是没有意义的辩论。相比句法分析，语义分析是在内容或意义层面的研究。那么语义又是什么样子的呢？也就是说，怎样表示语义，这是首先要回答的问题。语义分析的目标在于解决应用场景问题，在这个目标的引导下，探索应用场景中最大投入产出比的语义分析方法。

总结下来，这些年我努力的方向包括挖掘语言学助力自然语言理解的理论和方法；在深度学习最新进展的基础上，引入知识，让知识发挥主导作用；研发一个通用的符号计算框架，该框架既可以作为团队的研究平台，又期望它能够解决更多应用场景的问题。

我研究这一领域的工作是从语义表示开始的。在自然语言实际应用场景中，无外乎考察两类对象：一类是实体类型的对象；另一类是事件类型的对象。其中，实体类型的对象内部涉及组成、属性，外部涉及实体充当的功能、实体间的关系；事件类型的对象涉及发生的时空信息、关联的实体对象、情感倾向、事件间的关系等。我提出采用意合图来表示这些内容，意合图是一种单根有向无环图。在意合图中，以事件为中心，实体的性质主要通过在事件中充当的角色来体现。

生成意合图，我们采用了中间结构策略，即借助语法结构生成语义结构。具体来说，采用组块依存结构作为中间结构，建立句法语义接口，为语义分析提供结构信息。组块作为语言句法阶段的语言单元，既符合语言认知规律，也呈现了语言的浅层结构，突出了述谓结构在语言结构中的支配作用，便于从句法结构到语义结构的转化。

我们采取基于数据驱动的方式生成组块依存图。为了构建训练语料，2018年，我们启动了建设组块依存图库工作，这项工作一直持续到现在。我们主要选取了新闻、专利文本、百科知识等领域的语料，且在语料中保留了篇章结构信息，并采取人机结合方法进行语料标注；采取了增量式策略，即采取了先粗后细、先简后繁，先易后难的策略。到目前为止，标注经历了 3 个阶段，标注规范每次都会做相应的迭代。这样的好处是随着工作的推进，我们对意合图的理解不断加深，在调整组块依存图时，不至于产生较大的问题，组块依存可以更方便地为生成意合图提供句法结构支持。

语义分析需要语言知识，获取知识是非常重要的工作，研发目标不仅可以从语法大数据中获取句法知识，同时也可以获取语义知识，利用 BCC 语料库工具，从组块依存结构大数据中获取这些知识。为了得到组块依存大数据，我们采用了深度学习方法，在人工标注的多领域组块依存数据上训练组块依存分析模型，然后利用该模型对 1TB 的数据进行组块依存结构分析，形成带有结构信息的组块依存结构大数据，将其作为知识抽取的数据源。BCC 语料库工具支持脚本编程，为了方便使用，我们定义了一套适合知识挖掘和检索的语料库查询表达式，用一行查询表达式可以表示复杂检索需求。BCC 语料库工具和组块依存结构大数据发挥了很大的作用，多位研究生和博士生利用这一工具和数据完成了毕业论文，同时他们在完成毕业论文的过程中也为意合图的研发贡献了数据。

GPF 框架是我历时 8 年不断打磨的成果。我最初的目标是开发一个符号计算系统，用来生成意合图。这个符号计算系统可以利用语言知识，实现从组块依存结构到意合结构的转换，实现句法语义的连接。在工作中，我越来越感受到这个符号计算系统本质上就是在做语言结构的计算，只不过这里的结构不仅是语言的语法结构，也可以是语义结构，还可以是语用结构，即语义分析落地应用生成的应用任务的结构，例如，文本结构化目标等。

在计算和应用意义上，语言结构概念的一般化，用来描述自然语言在语法、语义和语用三个平面各类层级的语言处理对象，语言对象可大可小，小到词的结构，大到篇章的结构。在结构计算时，不失一般性，语言对象采用图结构，聚焦在语言单元、关系及属性上。这里的属性可以是单元的属性，也可以是关系的属性。语言对象采用了网格结构作为计算结构，用来封装语言单元、关系和属性，采用脚本编程，支持结构计算全过程。我将该语言结构计算框架称为 GPF。

综上所述，我把过去多年的语义分析工作总结为 3 本图书，即 3 本以"自然语言结构计算"为核心的图书，这 3 本图书之间互有关联，又自成体系。语义分析没有终点，作为阶段性工作总结，这 3 本图书有一些不成熟、不完善的内容，我们会继续努力，不断推进工作，有了新成果就会持续修订相关内容。

最后，这 3 本图书是我们团队工作的成果，包含每位实验室同学的贡献，尤其是在写书的过程中，多位同学持续努力、不畏艰辛，付出很多。其中，王贵荣、肖叶、邵田和李梦 4 位博士生为了写书，大家一起工作半年多。另外，王雨、张可芯、翟世权、田思雨以及其他在读或已经毕业的我的学生们也为书稿贡献很多，在此致以真诚的感谢。

荀恩东

2022 年 10 月 18 日

前 言

以深度学习为代表的神经网络方法，极大地推动了自然语言处理的研究和开发。数据规模不断刷新，模型的参数越来越多。超大规模的预训练语言模型带来自然语言处理各类下游任务性能的普遍提升。

大数据、大算力、大模型背景下的自然语言处理越来越算法化。目前，研究人员聚焦两端：一端是数据；另一端是算法。研究人员一般认为大模型中蕴含了语言知识和语言结构，因此，逐步弱化或不再投入对自然语言本身的研究。

随着深度学习模型发展遇到瓶颈，自然语言处理领域的研究人员又回归知识，关注基于知识的专业系统在NLP应用中的作用，期望通过引入专业知识或知识图谱提升性能，让"黑盒子"操作的深度神经网络系统具有更好的可解释性和可控性。同时，人工智能的火热发展，激发了语言学研究人员关注自然语言处理、探讨语言学如何在语言计算中发挥作用的热情。

目前，市场中针对知识计算的可编程计算框架的相关研究较少。我总结了这些年的研发经验，推出这个用于知识计算的框架——GPF，将其作为计算机和语言学的学科交叉成果，期望能给自然语言处理和语言学研究开辟不同视角。

语言结构计算是指由计算机对自然语言进行分析得到语言结构。其中，语言结构可以是形式结构、内容结构或功能结构。因此，语言结构也可以是语法结构、语义结构或语用结构，处理的对象可以是各类语言单元，包括词、短语、句子、复句、句群或篇章等。

自然语言结构承载着内容，语言结构计算是自然语言理解的本质。从计算意义上讲，自然语言理解就是掌握了处理对象的内部结构及在外部环境中具有的功能，确定外部功能是在更大的结构上去考察对象的性质。

语言结构计算的核心工作是确定语言单元、建立语言单元关系、给出语言单元或语言单元关系的属性。具体来说，确定语言单元是为了建立概念和语言的映射；建立语言单元关系是为了揭示概念之间的联系；给出语言单元或语言单元关系的属性是为了对语言单元之间的关系性质进行深入刻画。

语言结构计算就是符号到符号的过程。输入是语言符号序列，输出是符号的结构。中间的计算过程既可以是参数计算，也可以是符号计算，还可以是符号和参数的混合计算。本书主要讨论的内容是如何以符号计算作为控制中心，协调基于数据的参数计算和基于知识的符号计算，既充分发挥深度学习模型的作用，又借助知识把控算法路径，实现符号计算的可控性和可解释性。

语言结构计算的核心问题是知识。采用数据驱动，通过建立模型，把数据中的知识参数化、算法化，在这一过程中，知识是一种隐式的存在。采用符号计算，知识是以显式的方式存在的。显式知识可以描述概念体系、语言符号到概念的对应和语言符号之间的各种搭配。显式知识有多种表示方法，包括逻辑、产生式、特征框架和语义网络等。知识表示的方式有两种：一种是数据表；另一种是有限状态自动机。

需要注意的是，数据表可以是一元的，也可以是二元的。其中，一元数据表的作用类似词典，对语言单元（通常为词）进行属性刻画；二元数据表对关系（通常为搭配）进行属性刻画。有限状态自动机可以用来描述知识，也可以作为捕捉上下文的控制部件。不管其作用如何，都采用了属性刻画的方式。

不管是数据表中的属性还是有限状态自动机中的属性，都采取了"键值对"的表示方式，通过键值表达式完成对"键值对"的逻辑计算。"键值对"的表示方式简化了层次性的特征框架知识表示方式。

选择合适的计算结构是语言结构计算的重要内容之一。计算结构可以包括各种不同的结构类型，为了便于操作各种类型的语言知识，本书选择的方案是网格结构。在网格中，每列对应一个输入符号，可以是一个汉字，也可以是任意一个字符，网格中可以存放各种类型的语言单元，一个网格单元代表一个语言单元。网格和网格单元内的属性表示语言单元之间的关系。这种网络结构建立了网格、数据表和有限状态自动机的操作机制，定义了数据表中一个数据项和有限状态自动机中节点对应的网格单元，实现了有限状态自动机与网格的高效匹配。

GPF 是一个开放的可编程计算框架，选择 Lua 语言作为脚本语言，充分发挥其计算方式灵活、速度快的特点。为了计算方便，GPF 计算框架设计了 GPF 应用程序接口（Application Programming Interface，API），实现本地脚本与 GPF 引擎中部件的交互，可以访问数据表、网格结构、运行有限状态自动机等。同时，GPF 设置了与第三方服务交互的接口，包括网络通信协议接口和数据交换接口，通过接口实现 GPF 的扩展性。

本书共有 9 章内容。其中，第 1 章主要介绍了语言结构与语言结构分析的相关内容，概述了 GPF 的设计思想。

第 2 章重点说明了 GPF 计算框架与 GPF 属性计算等。

第 3 章阐述了 GPF 网格的具体含义，包括网格单元、网格单元关系等。

第 4 章讲解了 GPF 网格计算，重点介绍了网格单元关系计算。

第 5 章讲解了 GPF 数据表，数据表作为知识存储结构，重点介绍了数据表相关的 API 函数。

第 6 章讲解了 GPF 有限状态自动机，有限状态自动机作为控制部件，具体包括文法与运行机制等。

第 7 章介绍了 GPF 数据接口，包括利用第三方服务的输出，初始化网格结构。

第 8 章详细论述了 GPF 的应用方法，包括 GPF 的配置、GPF 的索引、GPF 的运行以及 GPF 的应用等。

第 9 章概述了 GPF 的 API 函数。

为了方便读者阅读和更清楚地理解 GPF 计算框架，以及与北京语言大学正在建设的关于 GPF 如何应用的学习网站呼应，本书特意将 GPF 中的数据表、示例代码、配置信息等按照出现的章节顺序命名了对应的编号。

本书适合专业为自然语言处理、计算语言学以及与语言学本体研究有关的学生当作教材，也可以作为高等院校人工智能、信息科学研究、大数据分析等相关专业的参考书。同时，本书也适合对语料库建设与应用感兴趣的人员阅读。

目　录

第 9 章　GPF 的 API 函数 ┈┈┈┈┈┈┈┈┈┈ 225

第1章
自然语言处理概述

近年来，人工智能快速发展，各种智能产品在社会生活中广泛应用，人类社会从信息时代迈入了智能时代。人工智能的发展可分为 3 个阶段：计算智能、感知智能、认知智能。其中，计算智能是指计算机快速计算和记忆存储的能力；感知智能是指计算机通过各种传感器获取信息的能力；认知智能是指计算机具有理解与推理等能力。目前，计算智能与感知智能的研究已经进入成熟阶段，人工智能正在迈向具有类人认知能力的认知智能阶段。

1.1 自然语言处理

1.1.1 自然语言处理是认知智能的核心

一般来讲，认知是指人心理加工信息的方式，人类的心理加工信息的过程分为感知、记忆、理解、应用、分析、评估与创造等阶段。认知往往是基于语言进行的，语言是认知的主要对象、主要工具与最终表现形式。认知智能的目标是让计算机具有理解和运用自然语言的能力，即通过计算机对自然语言的分析处理实现类人的认知结果，因此，认知智能离不开自然语言处理。

自然语言处理技术是实现认知智能的基石，包括自然语言生成和自然语言理解两个方面。其中，自然语言生成是从自然语言或概念逻辑结构的输入到自然语言输出的过程；自然语言理解是从语言形式到语言内容的计算过程，要求实现类人认知的结果，但不要求类人认知的过程。语言的形式一般是指文字符号。语言内容有狭义与广义之分，从狭义来说，语言内容一般是指语言的语法结构或语义结构；从广义来说，语言内容还包括在具体应用场景下的语用结构，利用语用结构关联外部知识、进行推理等，最后解决应用问题。自然语言理解是机器认识和理解世界的主要方式，是认知智能的主攻领域和研究方向，对认知智能的发展至关重要。自然语言理解与自然语言生成关系示意如图 1-1 所示。

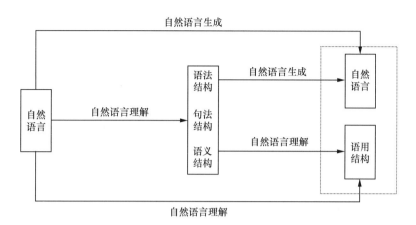

图 1-1　自然语言理解与自然语言生成关系示意

1.1.2　自然语言理解的本质是语言结构分析

自然语言在语用场景下表达的意义与语言结构密不可分。人理解自然语言的过程是接收语言符号序列、关联人脑中的知识、根据场景构建意义的过程。这里的语言符号序列通过语序和虚词组装在一起。由于语言符号序列不同，应用的场景不同，所以语言符号在人脑中构建的意义也不同。人在理解自然语言时，从语言符号序列中抽取出语言单元，在知识与语境的引导下，建立语言单元与概念的联系，从而形成对客观世界的认识。

语义三角论认为，语言符号、概念和客观事物之间处于一种相互制约、相互作用的关系之中。语义三角论强调，语言符号是对事物的指代，指称过程（理解过程）就是语言符号、概念和客观事物产生联系的过程。当看到"树"这个字或关于"树"的图片时，人脑中出现关于"树"的一切信息都是概念，现实中的这棵"树"，即是指客观事物。

语义三角论如图 1-2 所示。语义三角论包括 3 个部分：语言符号、概念、客观事物。第一，概念和客观事物之间直接联系。概念是在客观事物的基础上抽象而来的，是客观事物在人脑中的反映，二者用实线连接，说明概念反映客观事物。第二，概念与语言符

图 1-2　语义三角论

号之间同样直接联系。概念通过语言符号表达，二者用实线连接，说明语言符号表达概念。第三，语言符号与客观事物之间没有直接的、必然的联系，二者间接相关，图 1-2 中用虚线连接。语义三角论的基本思想在于，语言符号与客观事物之间没有内在的必然联系，真正的联系存在人脑中。

对于计算机来说，语言理解即通过语言符号揭示概念，建立概念之间的联系，实现语言符号与概念的映射。其本质是语言结构化的过程，一方面，客观事物都有自身的结构，该结构通过客观事物的概念体系呈现，计算机理解语言的目标就是要揭示客观事物的概念结构；另一方面，结构贯穿计算机理解语言的各个阶段，输入是序列化的语言符号结构，在计算过程中，通过关联结构化的知识进行分析，输出不同层次的概念结构。

另外，人理解语言可以直达语义，不需要经过词法、句法等中间分析过程，而计算机理解语言可以是循序渐进的，输出词法、句法或语义等任一阶段的结构，也可以一步到位，直达语义。例如，当输入"我哭肿了眼睛"时，可以对其进行句法结构分析，得到句法分析树，也可以对其进行语义分析，得到语义依存树或语义意合图。句法分析树示例如图 1-3 所示，语义依存树示例如图 1-4 所示，语义意合图示例如图 1-5 所示。

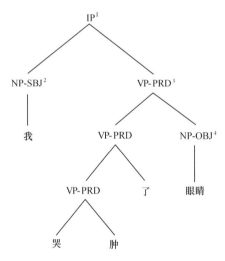

1. IP（Simple Clause headed by INFL）表示小句。
2. NP-SBJ（Noun Phrase-Subject）表示体词性主语。
3. VP-PRD（Verb Phrase-Predicate）表示谓词性述语。
4. NP-OBJ（Noun Phrase-Object）表示体词性宾语。

图 1-3　句法分析树示例

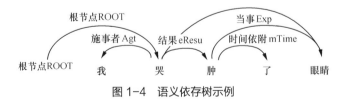

图 1-4　语义依存树示例

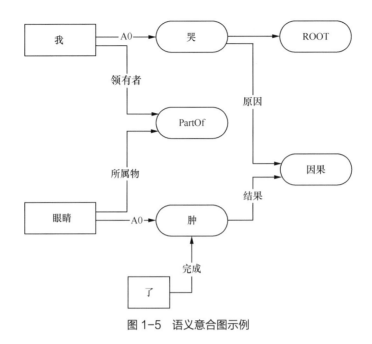

图 1-5　语义意合图示例

1.1.3　自然语言理解的挑战

近年来，自然语言理解处于快速发展阶段。词表、语义语法词典、语料库等数据资源的日益丰富，词语切分、词性标注、句法分析等技术的快速进步以及各种新理论、新方法、新模型不断涌现，推动了自然语言理解研究的加速发展，但仍存在其无法逾越的边界问题，而这些问题是由语言自身的特点决定的，具体介绍如下。

1. 成分缺省

出于语言经济性原则，人们在交流时经常缺省信息。成分缺省有两种情况：一是缺省内容在上下文出现过，例如，"门口进来了一个青年，挑着担"，"挑担"的主语在此处缺省，但可以通过第一个小句补回；二是缺省内容未在上下文出现，需要借助语境知识和常识等补充缺少的信息，例如，"真好看"缺省了主语，只有在具体语境中才能确定主语。从计算的角度看，对于在上下文出现的缺省内容，计算机一般可以通过参数计算或符号计算的方法找回，但是对未在上下文出现的内容，计算机难以找回。

2. 形义一体

语言中存在多种形义一体化的语言单元，例如，成语、俗语、组块等。针对这一语言现象，计算机难以细致分析其内部结构，在具体应用中，虽然可以将其作为整体处理，但因其出现的频次较低，仍面临数据稀疏的问题。这是当前自然语言理解无法解决的问题之一。

3. 一形多义

自然语言中的语言符号与概念不是一一对应的，存在一形多义的情况。在上层结构分析时，底层词语的歧义造成组合爆炸问题，歧义消解是自然语言理解亟须解决的问题。从计算的角度看，词层面的一形多义，一种方法是可以通过上下文消歧，例如，"我买了小米手机"与"我买了小米来煮粥"，可以通过上下文确定"小米"是指手机还是食物；另一种方法需要借助语境知识消歧，体现了语用的选择性，例如，在冬天和夏天说"能穿多少穿多少"时，二者的意义明显不同。自然语言理解中的歧义消解如图 1-6 所示。

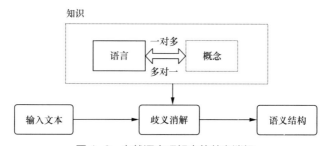

图 1-6　自然语言理解中的歧义消解

由于语言符号和概念的多对多的关系，语言结构分析面临最大的挑战是从多对多中建立单一的明确的映射关系，待分析文本形式化表示为计算机可以处理的计算结构，调用知识完成歧义消解，生成目标语言结构。

4. 言外之意

言外之意是指在特定语境中语言要表达的信息，跟语境有关，而非语言本身的内容。例如，在夏天说"屋里有点热"，那么说话者的言外之意是打开空调或者打开窗户。听话者只有了解说话者的真正意图，才能正确理解说话者的言外之意。对于计算机而言，理解言外之意受到数据边界的限制，深度学习方法虽然可以学习到语言符号的分布意义，但很难捕捉到言语之外的行为意义。

5. 隐喻 / 转喻

人们经常通过隐喻和转喻表达思想。其中，隐喻是指事物之间具有相似性，例如，"时间就是金钱"，体现了"时间"和"金钱"的宝贵性；转喻是指事物之间具有相关性，例如，部分指代整体，"我们需要几张新面孔"。其中，"新面孔"是指"新人"。对于计算机而言，词语一级的隐喻 / 转喻，可以通过语义扩展实现理解，而短语等更高级别的隐喻 / 转喻，则难以处理。

6. 蕴涵 / 预设

蕴涵，即断言意义，是一种真值条件，属于句子的基本信息；预设是话语的非断言部分所表达的意义，属于话语的背景意义及附带信息。例如，"张三打了李四的哥哥"为真，那么这句话就蕴涵着"张三打了人"的信息，预设信息是"李四有个哥哥"。对于计算机而言，理解句子的蕴涵和预设信息，需要进行复杂的推理，比较困难。

1.2　语言结构

语言结构是自然语言在形式、内容和用法等多个方面规律性的体现。语言学本体研究关注的语言结构通常是指语法结构。从计算角度看，语言结构的概念不仅是语言形式结构，还包括语言所反映的概念结构和在场景下呈现的话语功能结构。

在语言结构分析时，通常使用的语言单元有词、短语、句子等，这些语言单元的结构在语法、语义以及语用上都具有自身的特点和规律。

1.2.1　语言结构的基本单元

结构是事物内部不同要素之间的关系，语言结构也有其构成要素，称之为语言结构的基本单元，语言结构可以从形式、意义等角度来看，具体如下。

从形式来看，语言结构是指语法结构，是一个层级性体系，语法结构的基本单元可大可小，下一层级的单元可以组装形成上一层级的单元。语法结构的最小单元是语素，由语素组成词、由词组成短语、由短语组成句子、由句子组成篇章、由篇章组成文档、由文档组成文档集、由文档集组成相关领域大数据等。

从意义来看，语言结构是指语义结构，其内容和意义是由语言符号来承载和表达的。同样，语义结构也具有层级性，语义结构的最小单元是义原，而义原构成义项，义项构成词义，词义构成短语义，短语义构成句子义等。

在实际交流中，语言结构是指语用结构，是语言符号在特定场合和知识背景等因素作用下表达的话语意图和交际目的。语用结构主要通过会话结构来表现，会话结构中的基本单元是话轮，话轮组成了具有会话结构和信息结构的话轮链。

1.2.2 基本单元之间的关系

语言结构的基本单元之间相互联系，以一定的方式关联，基本单元之间横向关联的方式是组合关系，纵向关联的方式是聚合关系。

其中，组合关系是指由两个或两个以上连续的语言单位构成的线性关系，是横向关系，这种关系决定两个单元是否能够组合在一起与组成什么样的结构类型。例如，"花"和"红"两个符号可以组成"花红"和"红花"两个不同的结构。

聚合关系是指在结构的某个特殊位置上可以相互替代的成分之间的关系，是纵向关系。例如，"红花"这个结构中，能够替换"红"的有"白、紫"等，能够替换"花"的有"光、线"等。

本节从语言研究的三个平面来看语言结构基本单元之间的关系，其中，三个平面是指语法、语义、语用。语言研究的语法平面是指对词、短语或句子进行语法分析。语法平面具体包括语法结构、语法成分、句型、语法功能、语法中心、语法意义等。语言研究的语义平面是指对句子进行语义分析。语义平面具体包括语义结构、语义成分、句模、语义功能、语义中心等。语言研究的语用平面是指对句子进行语用分析。语用平面具体包括语用结构、语用成分、句类、语用功能、语用意义、语用中心等。

1. 语法关系

本节从组合和聚合的角度介绍基本单元之间的语法关系。

（1）从组合的角度

语法结构中不同层级的单元都可以组合构成上一层级的单元。其中，词是最小的能够独立运用的单元，由语素构成，同时也是构成短语和句子的单元，篇章是最大的单元，由多个句子构成。以词为枢纽，单元之间的语法关系可以分为词法关系与句法关系。

其中，词法关系是指构成词语的语素之间的关系；句法关系是指构成句子的词或短语之间的关系。汉语中，词法关系和句法关系的基本类型一致，包括主谓、动宾、状中、述补、定中、联合。另外，词法特有的组合关系有附加式、重叠式等，句法特有的组合关系有同位、连谓、兼语等。

（2）从聚合的角度

语法的聚合是多种多样的，按照语法结构中聚合单元的大小分类如下。

语素单元可以根据其在词中的不同作用分成词根与词缀两种。词单元可以根据其在句中句法功能的不同分为动词、名词、形容词、助词、叹词等。短语可以根据其整体功能的不同分为体词性短语和谓词性短语。其中，体词性短语是以体词为中心语的短语，例如，名词、量词等；谓词性短语是以谓词为中心语的短语，例如，动词、形容词等。

2. 语义关系

基本单元之间的语义关系可以从组合和聚合两个不同的角度来分析，具体介绍如下。

（1）从组合的角度

与语法结构相同，语义结构中不同层级的单元也可以组成上一层级的单元。其中，义原是最小的语义单元，义项义由义原构成，词义由义项义构成，词义又通过组合构成短语义或句子义。篇章整体表达一个中心意义，由句子义组合而成，是最大的语义单元，构成篇章的句子之间的关系包括因果、条件、转折和顺承关系等。

词义通过组合构成短语义或句义，这种组合关系通过词语的搭配实现，词语的搭配一方面受到语法关系的支配，另一方面也受到语义条件的限制。例如，"月亮吃月饼""苹果玩猴子"之类的词语搭配虽然符合抽象的语法规则，即符合"名 + 动 + 名"的主谓宾语语法组合条件，但是不符合语义组合条件。词语搭配的语义限制条件较多，主要体现在以下两个方面。

一是句中的名词与动词有不同的语义关系，语义学中称之为语义角色。语义角色是指可以覆盖许多句子动名关系的抽象角色，例如，动作的发出者（施事者）与动作的承受者（受事者）。

二是不同的语义角色可能需要具有不同语义特征的名词来担任。例如，不少动作需要发出者是有生命力的（一般记作"+ 有生"），从词的语义特征分析来看，"吃"

"玩"都具有"+动作"的语义特征,要求施事者必须具有"+有生"的特征,而"月亮""苹果"都不具有"+有生"的特征。

（2）从聚合的角度

与语法关系相同,语义的聚合也是多种多样的,从语义结构不同层级的单元出发来详细介绍语义的聚合。

根据词语本身的意义和作用,词可以分为实词和虚词。其中,实词有实在的意义,它存储着人们对现实现象的认识成果,能够作句子的主要成分,能够单独说,能够回答问题；虚词是没有实际意义的词,能够造句,但不能作句子的主要成分,不能单独说。

根据词义之间的相互关系不同,可以构成不同的语义场。词与词之间具有相同语义特征的词与区别语义特征的词聚在一起构成语义场。语义场可以分为类属义场、顺序义场、关系义场、同义义场与反义义场等。例如,类属义场,"人"是上位词,"工人、农民"是"人"的下位词。

句义一般是由词义组合而来的,主要描述句子的实体概念与事件概念。从句子整体来看,根据其所表达语气的不同,句子分为陈述句、疑问句、祈使句和感叹句 4 类。

3. 语用关系

在符合语法关系、语义关系的前提下,进入言语交际的语言结构的基本单元必须满足语篇组织的需要,满足在特定语境中最有效地交流信息的需要,同时涉及隐喻 / 转喻、话题 / 说明、焦点、蕴涵 / 预设等。

隐喻 / 转喻是词义之间在特定语境中的关系。人们通常通过隐喻 / 转喻表达思想。其中,隐喻是词义引申的一种重要方式,体现两个意义所反映的现实现象具有某种相似关系,例如,"针眼"一词体现了"针的窟窿"和"人眼"的语义相似关系；转喻的基础是两类现实现象之间存在某种关系,这种关系在人们的心中经常出现从而固定化,例如,英文的"China"是"中国"的意思,由于瓷器是从中国传播到海外,所以英文中用"china"也是指瓷器。

焦点是句中部分单元所表示的意义与整体句义之间在特定语境中的关系。焦点是说话者所传递信息的重点所在。在会话中,焦点一般通过语调重音或句法形式表现出来,例如,汉语中"是……的"的句式,其中,"是"后面的成分是整体句义信息的焦点，在"我是昨天来的"中，"昨天"是焦点。

话题 / 说明是句义内部成员之间在特定语境中的关系。话题 / 说明是成对出现的，一个句子中句义信息所涉及的实体是句子的"话题"，针对话题展开的句子其他部分是"说明"。例如，"客人来了"，这句话以"客人"为话题，用来陈述"客人"的"来了"是说明。

蕴涵 / 预设是句义之间在特定语境中的关系，即在特定语境下，语义上有关联的句子是否存在可推导的关系。

蕴涵，即从一个句子的句义一定可以推导出另一个句子的句义，反向推导却不成立，句义间的蕴涵关系与词义的上下位关系直接相关。例如，"猕猴桃"是"水果"的下位词，a 句"李明买了猕猴桃"与 b 句"李明买了水果"，如果"买了猕猴桃"，则一定买了"水果"，如果"买了水果"，则不一定"买猕猴桃"。由此可知，a 句义蕴涵 b 句义，二者具有蕴涵关系。

预设，即如果一个句子的肯定和否定两种形式都以另一个句子的肯定为前提，则另一个句子是该句的预设。例如，a 句"他哥哥昨天回来了 / 没回来"，b 句"他有哥哥"，"他"必须有"哥哥"，才可能提及"他哥哥昨天回不回来"的事情。由此可知，b 句义是 a 句义的预设，二者具有预设关系。

1.3　语言结构分析

语言结构分析的任务是采用计算方法，在知识的引导下，通过对语言外在符号的分析，揭示不同层级的语言单位在语法、语义、语用等不同平面的结构，得到语言符号对应的概念和意义以及它们之间的关系，实现和人认知的对接，完成理解的过程。该过程实现了从语言的表层结构到深层结构的转化，语言的表层结构是语言文字的符号序列，即通过语序、虚词及标点符号将多个语言单元组合在一起的线性文本。目标和场景不同，深层结构对应的层次不同。语言结构分析如图 1-7 所示。

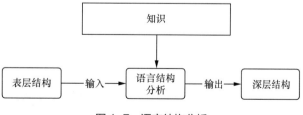

图 1-7　语言结构分析

1.3.1 语言结构的形式化

语言结构的形式化是指从计算角度，把语言结构表示成可以计算的形态，这是自然语言理解的首要工作。基于网格的 GPF 采用单元、关系和属性的观点对待语言结构，即将语言结构表示为带有属性信息的有向图。单元、关系、属性如图 1-8 所示。图 1-8 中的节点 U1、U2 表示语言单元，以节点 U1 为始点、以 U2 为终点的有

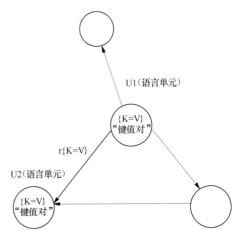

图 1-8　单元、关系、属性

向边 r 表示两个语言单元之间的关系，在节点和边上均可以用 {K=V} 的"键值对"来表示语言单元的属性和单元之间关系的属性。

语言结构是一个有向图，依照有向图的定义，也是一个二元组，形式上定义为：G =(U，R)，具体含义如下。

其中，U 是图的节点，这里是语言单元的有限集合，记为 U={tu, au}，这里的 tu ∈ Lex，Lex 为语言单元字串（token）的集合；au 是语言单元的属性，是"键值对"的集合，记为 au={K=V}，K 为属性名，V 为属性值。

R 是连接 U 中两个不同节点的边的有限集合，即两个语言单元之间的关系的集合。由于语言单元之间往往不是对偶的，所以集合中的边是有向边。记为：R={u_i, u_j, r, ar}，这里的 u_i ∈ U，u_j ∈ U，r ∈ RT，RT 为关系类型的集合。ar 是语言单元关系的属性，是"键值对"的集合，记为：ar={K=V}，K 为属性名，V 为属性值。

1.3.2 语言结构分析的内容

语言结构分析的内容一般包括确定语言单元的边界、建立语言单元之间的关系、设置单元或关系的属性 3 个方面。

在实际的应用场景中，语言单元一般是指实体或事件，关系为实体之间、事

件之间、事件与实体之间的联系，按照单元类型以及抽象程度对常见的图谱进行划分，图谱分类如图 1-9 所示。

从应用角度看，语言结构分析可以是从具体到抽象的概念提升过程，通过抽取海量的知识图谱可以提升为本

性质 对象	具体	抽象
实体	知识图谱	本体图谱
事件	事件图谱	事理图谱

图 1-9　图谱分类

体图谱，也可以是从抽象到具体的实例化过程，通过本体知识可以指导知识图谱的生成。一些应用场景可以用事件链具体化，例如，知识挖掘、信息的结构化、事件跟踪等。在有些场景下，有关实体与事件的语言结构是互相融合、互相引用的。

1. 确定语言单元的边界

确定语言单元的边界即确定能够完整表示概念的符号边界，是进行后续分析的基础。例如，确定实体边界与事件的构成要素，专名识别任务需要确定人名、地名、机构名的边界。

确定语言单元的边界根据实际任务的不同，确定语言单元的层次也不同，例如，分词任务需要确定词语的边界，短语结构分析需要确定短语的边界，而篇章分析的任务首先需要确定句子的边界等。确定语言单元的边界面临如下困难。

一是表示完整概念的形义一体化语言单元的边界不清晰。由于汉语存在字和词边界模糊、词和短语边界不清、句子定界困难等问题，所以语言学不能计算出清楚的边界，一般按照有利于应用的原则，处理语言单元边界界定的问题，即按照解决问题的特点和需求，建立重点词汇的词表或者标注语料，而对不相关或者弱相关的语言单元，不再做精细判定。

二是确定语言单元的边界的过程中也会遇到歧义等问题，例如，"你说的确实在理"中的"的确"与"确实"存在交叉歧义；例如，"他将来北京出差"中的"将来"存在组合歧义。

2. 建立语言单元之间的关系

世界中的万事万物都是有联系的，一般表现为实体事件之间的关系。从抽象

层面看，实体概念之间具有上下位关系、整体部分关系等。在事理图谱中，抽象事件之间具有因果、条件、转折、顺承等关系；从具体层面看，实体实例之间具有同义反义关系，事件链中具体事件之间还包括和场景相关的其他关系等。

语言单元间的关系可以从形式、内容、功能 3 个角度阐述，具体如下。

语言单元间形式上的关系体现为主谓、动宾、述补、并列、偏正等。

语言单元间内容上的关系体现为语言单元之间的"修饰—被修饰"关系、"谓词—论元"关系，以及同义反义关系、上下位关系、整体部分关系等。

在实际场景中，语言单元间功能上的关系体现为焦点、话题 / 说明、隐喻 / 转喻等。

3. 设置单元或关系的属性

设置单元或关系的属性是指语言单元所对应的概念与概念间建立的关系具有的性质或状态。

设置单元或关系的属性分为两个方面。

一是设置语言单元的属性，例如，词性、短语性质、语言单元的语义标签等，以便于建立语言单元间的关系。

二是设置语言单元之间关系的属性，更加细致完整地表示单元关系的内容。为不同层级的语言单元之间的关系设置相应的属性值，例如，表示"程度"的修饰关系的属性值有"深浅"之分等。

1.3.3　语言结构分析知识

人们通过自然语言进行交流，接收的是形式上的语言符号，内在认知过程依赖人的知识把语言符号关联到各种各样的概念，例如，实体概念、事件概念等。从信息系统角度看，交流的过程就是语言信息的编码和解码过程，在编码和解码的过程中，调用了语言知识、世界知识、领域知识等。

对于计算机而言，只有被封装到数据结构中的知识才能进入分析过程，发挥其作用。结构分析时采用的方法不同，知识的形态也不同，例如，专家系统使用抽象的知识，模型使用具体的知识。不同应用场景下需要的知识不同，调用的方式也不同，不同形态的知识融合是当前研究的热点。

1. 知识形态

语言是表达和传播知识的工具，知识存在的形态是符号。计算机完成结构分析任务时，调取的知识有显式知识和隐式知识两种形态。

（1）显式知识

显式知识是一套符号表达体系，是从语言中概括出来的。显式知识的调用需要经过形式化处理，以便于计算机高效无歧义地完成计算任务。基于显式知识的计算，我们将其称为符号计算。

显式知识是专家知识，它以符合人认知的符号来承载，具有以下特点。

① 体系完备，具体包括概念体系和形式化体系，其可解释性与可控性较强，但列举的知识总是有限的，在实际应用场景中存在鲁棒性较差的问题。

② 可简可繁，可以是简单的术语表，也可以是复杂的语义描述系统，但建设复杂的语义系统耗时耗力，对建设者的要求较高。

③ 以词条为描述对象的结构化数据，可以采用穷举的方式刻画词条的结构和功能。

④ 人机结合构建，借助大数据，通过数据挖掘与专家筛选，从数据中提取显式知识。在实际场景中，知识的针对性比较强，可以根据场景需求动态添加知识。

（2）隐式知识

隐式知识是指蕴含在模型中的知识，目前普遍采用的是深度学习模型，通过应用展现模型学习到的知识。基于隐性知识的计算，我们将其称为参数计算。

数据是隐式知识的来源，一般分为两种类型：一类是无标注数据，通常是大数据，是从信息化资源中加工整理出来的；另一类是有标注数据，通常是小规模数据，是在原始数据中注入人工标注的信息，形成标注语料库。

隐式知识具有分布意义，通过模型训练得到语言单元的分布信息，包括频次信息、上下文分布信息等，语言单元的语义和结构信息蕴涵在上下文中，一般无法直观感受到，只能通过下游任务的效果来感知知识的学习情况。隐式知识具有以下特点。

① 可以利用大数据构建语言模型，语言模型中蕴含了语言结构信息。

② 对符号化的语言单元进行向量化的表示，具有较强的鲁棒性。

③ 与构建专家知识相比，数据标注简单方便，对语言工程参与人员的要求较低。

④ 基于隐式知识的方法，通常采用端对端的深度学习模型，导致系统出现不可解释性与不可控性的问题。

⑤ 通过大数据，模型能力与数据大小和分布密切相关，隐式知识难以通过数据计算的方式学习到与语用场景有关的行为义与情感义，存在领域迁移的问题。

2. 知识类型

计算机理解自然语言，需要把各个层面的知识与语言符号关联起来，包括语言本身的知识与语言符号外的环境、文化和领域知识等，即需要的知识不仅是语言本身的上下文内容，还需要关联上下文之外的内容。例如，实体的本体知识、事件的事理知识等。计算机理解自然语言通过调用知识完成歧义消解、确定语言符号与概念的对应关系，建立概念间的联系。

（1）语言知识

语言知识是指语言本身的知识，例如，字形、字音和字义，词与概念的对应关系、词语搭配、词的语法和语义上组合性和聚合性知识等。

（2）世界知识

世界知识是指有关世界万事万物的知识，例如，概念的分类体系、实体的构成信息、历史事件和人物信息、事理知识等。

（3）领域知识

领域知识是指有关应用场景的知识，例如，领域的概念体系、领域术语、领域的语体表达知识、领域规则等。

3. 知识应用

结构分析中知识的应用方式分为两种：一种是通过深度学习对大数据或标注数据中的隐式知识进行学习；另一种是专家系统对知识资源的调用。随着自然语言处理的发展，在隐式知识中融入显式知识开始成为知识应用的主流方式。这种方式是在大数据基础上将显式知识转化为特征融入模型中。数据与知识融

合如图 1–10 所示。需要注意的是，人工构建的特征模板有限，特征模板需要
参数化，由于模型对特征的学习存在不可解释的问题，所以有人开始尝试采用
以知识为主导的数据与知识协同的方式。数据与知识协同如图 1–11 所示。

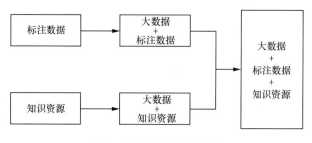

图 1-10　数据与知识融合

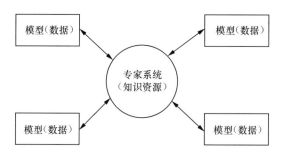

图 1-11　数据与知识协同

　　数据与知识协同的方式是指以知识为主导的专家系统为总控，通过专家系统
来协调以数据驱动的深度学习方法，从而充分发挥各自的优势。以专家系统为总
控，可以使整个系统具有可解释性与可控性，而深度学习方法可以充分利用大数
据的优势，准确高效地完成结构分析流程中一些浅层分析的任务。二者协同使用
可以达到优势互补的效果，有利于更好地完成语言结构分析。

1.3.4　语言结构分析策略

　　根据问题的特点，语言结构分析的结果可以是简单的，也可以是复杂的。
对于简单问题，一般采用端对端策略；对于复杂问题，需要分治处理，将复杂
问题分解为多个子问题，每个子问题采用不同的模型，当多个模型组合在一起
时，可以采用多种策略，例如，级联策略、组合策略等。

1. 端到端策略

端到端是指输入原始数据，直接输出最后结果。目前，深度学习方法是自然语言理解中最主流的端到端策略，它往往是数据驱动的，针对目标设置优化函数，用参数化的向量表示语言单元，通过参数学习构建模型。端到端策略如图 1-12 所示。

这种端到端策略是近些年来普遍采用的方法，几乎所有的自然语言处理任务的效果，无论是自然语言处理

图 1-12　端到端策略

的本体任务，还是落地应用，都有大幅提升。但端到端策略在发展中也遇到了一些瓶颈，具体如下。

（1）缺乏使用显式知识的能力

深度学习模型的知识完全来自数据，例如，标注数据中的领域知识、语法知识、语义知识，大规模预训练语言模型中的世界知识。但是外部的非数据类的知识，例如，专家知识、领域知识，没有合适的方法嵌入模型中，模型不能根据知识引导来解决复杂问题。

（2）缺乏推理和分析的能力

深度学习模型是"黑盒子"式的参数系统，内部不是类人的概念体系，外部不能关联世界知识，无法进行推理和分析。

（3）缺乏可解释性与可控性

由于端到端计算具有"黑盒子"的特点，所以深度学习模型完全参数化的内部结构存在解释性和可控性较差的问题。

2. 级联策略

顾名思义，级联策略把问题分解为两个或者多个接续的子任务，每个子任务独立完成，后续子任务的输入是前序子任务的输出。例如，汉语句法分析任务往往分为两个阶段：一是汉语分词；二是结构分析。自动问答任务往往被划分为多个子任务：问题的领域识别、意图识别、槽值识别等。

级联策略的问题主要是错误传递，由于级联模型间的指标采用的是"概率乘"的方法，所以整体模型的正确率与召回率指标并不理想。级联策略如图 1-13 所示。

图 1-13　级联策略

3. 组合策略

语言的实际应用场景往往是复杂的，端到端策略和级联策略都不能很好地解决完整任务，因此，本节将介绍一种更为有效的解决策略——组合策略。

组合策略是指以符号计算为主导，由它接收输入、输出结果，在计算过程中，调度各个参数计算模型协同完成任务，采用组合策略可以引入知识，具有更好的可控性、可扩展性和可解释性。

组合策略具有以下特点。

一是知识与数据协同，相比知识与数据融合的一体化建模方法，协同方法注重利用知识和数据分别完成不同的任务。

二是以基于知识的符号计算构建专家系统，作为计算的总控中心，调度其他模型共同完成整体任务。

三是将复杂任务分解为多个子任务，并将子任务分别传送到模型计算，充分发挥深度学习模型的能力。

四是作为总控中心的专家系统采集多源特征，将多源特征输入决策模型，决策模型可以采用机器学习等参数计算方法，利用特征完成决策，并将决策结果返回总控中心，由总控中心完成整体任务的输出。

组合方法可以更好地发挥知识的作用，系统的流程控制符合人的认知过程。在实现时，组合方法根据问题的复杂程度可以采用不同的策略：对于简单的任务，可以由专家系统完成决策，给出最终结果；对于复杂的任务，可以由专家系统作为特征生成部件，由参数计算根据特征做出决策。例如，深度语义分析以知识为总控，调用词义消解模型与决策模型，通过结构分析、词义消解、关系消解等，对解决以上问题的模型进行协同。组合策略如图 1-14 所示。生成意合图的组合策略如图 1-15 所示。

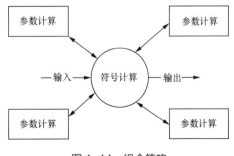

图 1-14　组合策略

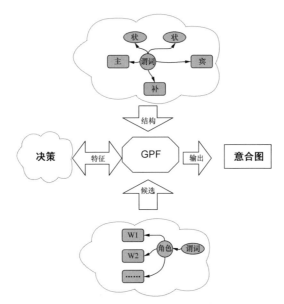

图 1-15　生成意合图的组合策略

1.4　基于网格的自然语言结构分析框架——GPF

　　GPF 从结构的角度出发，将自然语言理解转化为语言结构分析的过程，旨在完成从浅层结构到深层结构的转化，充分发挥语言结构在自然语言理解中的作用。GPF 是一个可编程的开发框架，以符号计算的专家系统作为总控，协同数据和知识的计算，加强了现有深度学习框架解决实际问题时的控制能力；同时，GPF 探讨了如何将知识形式化，发挥知识在自然语言理解系统中的重要作用。GPF 可以用来进行句法分析、开发句法语义接口、深度语义分析等研究工作，也可以用于自然语言理解应用的落地开发。

1.4.1　GPF 的设计思想

　　GPF 的设计思想包含 5 个方面的内容，具体如下。

1. 符号计算为中心的组合策略

　　为了解决复杂问题，提高问题的可控性与可解释性，便于注入领域知识和专家知识，GPF 采用了以符号计算为中心的组合策略。

　　GPF 是开放的模型框架，采用以符号为中心的组合策略。该策略利用知识计算完成数据流和功能控制，保证了系统的可控性和可解释性。同时，该策略可以根据问题的特点和复杂程度定制为不同的架构，充分发挥符号计算和参数计算的能力，优化模型架构。

一方面，构建基于符号计算的专家系统，把专家系统作为总控中心，负责接收输入文本，输出分析结果。在计算过程中，GPF 采用统一的语言结构交换接口与云端服务进行数据交换。

另一方面，GPF 采用分治策略，将复杂问题分解为多个子问题，根据子问题的特点定制模型和方法，充分发挥深度学习的长处。同时，GPF 可以在总控系统中汇总分解后的多个子问题的结果。例如，可以首先采用深度学习方法生成浅层结构（例如，句法结构）；在浅层结构的基础上，然后利用语言知识挖掘深层结构分析（例如，语义分析）所需的特征；最后采用模型方法综合各个特征，从多个候选结果中选优，完成复杂结构的输出。

2. 支持海量知识的可编程框架

语言结构分析，例如，深度语义解析需要海量知识的支持。从计算角度看，知识是一个图结构，蕴涵了语言知识、世界知识和领域知识等内容。像人的认知一样，计算机在进行语言分析时，需要从海量图结构的知识中调取与场景有关的知识子图来支持当前的计算。

在 GPF 中，知识用数据表封装，不仅可以承载知识图中的节点和边对应的语言单元和关系，还可以承载语言单元的属性和语言单元间的关系属性。数据表是面向人的知识表示，便于管理和维护。在应用时，GPF 将数据表知识编译为图的结构，根据语用场景调用知识，这是一个动态的过程。

GPF 的目标是通过低代码编程完成语言结构的分析工作，在 LUA 编程语言基础上，设计实现了一套 API 函数，封装了 GPF 网格操作、数据表操作、有限状态自动机操作和第三方服务数据接口操作共 4 个主要功能部件。

3. 句法结构到语义结构的接口

自然语言处理缺乏对句法语义接口的研究，但结构是有意义的，语言的句法结构承载了语义内容。计算机在进行语义分析时，通常借助端到端或中间结构的方式来利用句法信息。句法语义分析的中间结构如图 1-16 所示。

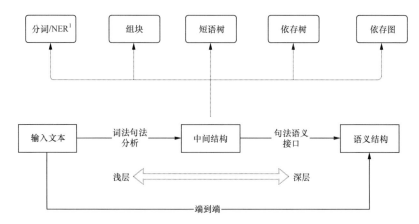

1. NER（Name Entity Recognition，命名实体识别）。

图 1-16　句法语义分析的中间结构

　　端到端利用的是蕴含在数据中的隐式句法信息；非端到端方法的中间结构可以是各种类型，从浅层到深层，包括短语树、依存树、依存图等。从输入文本到中间结构是词法和句法分析，从中间结构到语义结构即为句法语义接口。

4. 图视角下语言二元关系计算

　　节点和边是图的基本要素，在表示语言结构的图中，节点为语言单元，边为关系，节点的属性对应语言单元的属性，边的属性对应语言单元之间关系的属性。通常情况下，关系是偏序关系，因此，语言结构对应的是有向图。

　　不同层次的语言结构都可以表示为图状结构，例如，深层结构中的依存图、抽象语义表达（Abstract Meaning Representation，AMR）等是有向图的表示，而浅层结构中分词序列的线性结构、树状短语结构、丛状的层次组块结构等可以视为图结构的特殊形态。

　　如果将语言结构看作有向图，那么语言结构分析的核心内容就是确定有向图中的节点及节点之间的关系，即围绕二元关系及其属性开展主要工作。

　　在 GPF 中，以网格作为计算结构，网格单元对应输入分析文本中的语言单元，网格单元属性对应语言单元的属性信息。

　　一方面，引入有限状态自动机，作为上下文条件控制部件，有限状态自动机的一个状态节点对应网格上的一个网格单元，也相当于对应一个语言单元，图上的路径描述了一个上下文。

另一方面，GPF 中的主表和从表构成语言词汇搭配，是语言二元计算的直接体现，从全局看，承载了二元关系的主表和从表也构成语言单元之间的连接图。GPF 本地功能与第三方服务如图 1-17 所示。

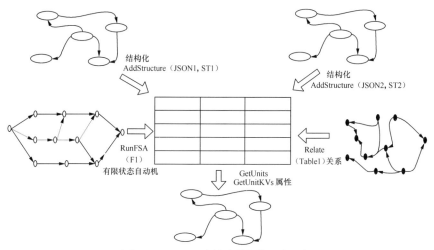

图 1-17　GPF 本地功能与第三方服务

5. 基于多源特征的歧义消解

语言结构分析的核心任务是消解语言分析过程中的歧义，对于结构分析来讲，歧义主要有 3 种类型，具体介绍如下。

① 语言单元边界的歧义，包括定界歧义、单元类型歧义等。

② 语言单元与概念映射的歧义，包括语法功能歧义、语义属性歧义等。

③ 语言之间关系的歧义，包括是否有关系、关系类型、关系属性等。

针对语言结构分析中的歧义，GPF 设计了具有包容各种歧义能力的计算结构——网格。网格中的网格单元可以表示不同来源、不同层次分析产生的多粒度语言单元，同时也可以承载语言单元所具有的属性及语言单元间的关系。

在分析过程中，GPF 采用基于多源特征的歧义消解策略。这里的特征可以是结构特征、词汇特征、上下文特征，能够为决策提供助力。在计算中，GPF 以专家系统为总控，在知识的引导下，将当前问题的子任务分别传送到模型计算，汇聚不同子任务对问题的贡献，形成有助于解决最后问题的特征集合，利用这些特征集合完成决策，消解歧义。

1.4.2　GPF 的主要应用

GPF 可以用来进行词法分析、句法分析、词法和句法联合分析、语义分析等研究工作，也可以用于自然语言理解应用的落地开发。

1. 语言研究

GPF 在语言研究中的应用可以分为以下 4 个方面。

（1）词法分析

与印欧语系相比，汉语的词没有形式的边界，也缺少形态标记，汉语的词形态是通过汉字组合呈现一定规律性，可以应用 GPF 动态识别词及词的内部结构类型。例如，重叠词识别、离合词识别、附加词识别等。

（2）句法分析

借助短语组合形式特征，识别常用短语及内部结构，例如，时间短语识别、专有名词识别等。采用组合方法，通过与参数计算模型协同，引入结构知识，提升句法分析精度。

（3）词法和句法联合分析

汉语词的内部结构与词的外部语法功能相关，将动词的内部结构和外部上下文做一体化分析。

（4）语义分析

采用组合策略，借助中间结构，利用 GPF 知识计算，采集支持语义分析的特征，将这些特征传送到决策模型，完成语义消歧。

2. 应用开发

首先，GPF 可以作为深度语义解析工具，根据领域对 GPF 进行定制化开发，解决细粒度的应用问题，实现满足场景需求的语义分析等任务。

其次，GPF 可以用于知识获取，例如，获取各种类型的词汇搭配数据；输出句子的实体和事件结构，从而构建领域知识图谱等。

最后，GPF 还可以用于数据预标注，在原始输入数据的基础上，根据分析结构注入词语的属性标签或关系标签，对数据进行预标注。GPF 的应用开发如图 1-18 所示。

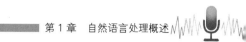

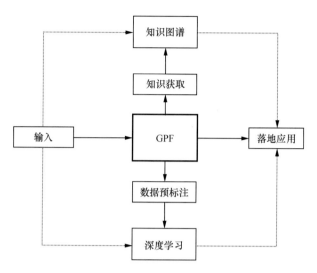

图 1-18　GPF 的应用开发

第 2 章
GPF 总体设计

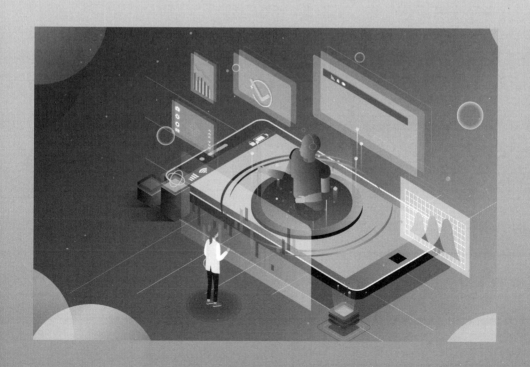

目前，自然语言理解普遍采用的是深度学习的方法，该方法采取数据驱动的方式，利用无标注大文本数据和少量的标注数据训练神经网络模型，然后用模型解决应用问题。研发人员使用深度学习开发框架，主要框架有 TensorFlow、PyTorch、PaddlePaddle 等。

在深度学习的方法中，解决问题的知识蕴含在模型结构参数中；解决问题的策略对应的是模型的算法过程。在应用场景中，自然语言理解的任务复杂多样，单一的深度学习模型面临较大的挑战，往往存在数据不足、模型策略简单造成算法能力不足的问题。

在深度学习基础上，如何引入知识弥补数据稀疏？如何引入多个模型协同解决问题？如何让算法过程可控、可解释，使之更符合人的认知？针对以上问题，GPF 是一个可选的方案，相比深度学习的参数计算，GPF 是符号计算的可编程框架。不失一般性，把自然语言理解问题转为语言结构计算任务，设计实现了知识的一致性表述和计算方法，借助知识弥补数据稀疏和模型能力不足等问题，可以把多个深度学习模型产生的输出融合在一个计算结构中，通过协同多源知识计算，最终完成自然语言理解的任务。

2.1 GPF 分析框架

GPF 是一个可编程的语言结构分析框架，目前，GPF 的版本支持汉语自然语言理解任务，可以实现对词、短语、句子和篇章等不同层级汉语分析对象，进行语法结构、语义结构以及语用结构的分析和处理。GPF 既可以采用简单模式完成简单的浅层结构分析，也可以采用组合模式完成复杂的、精细的深层结构分析。这种以符号计算方法为主控的语言结构分析框架，具有可控性、可解释性、可扩展性和可定制性的优点。

一般情况下，语言结构分析是以待分析文本的浅层语言结构为起点，通过计算得到更深层次的语言结构。例如，从未标注文本得到浅层语法结构、从浅层语法结构得到深层语法结构、从语法结构得到语义结构等。

GPF 设计了 4 个功能部件来完成语言结构分析任务，即网格、数据表、有限状态自动机和数据接口。进一步来讲，GPF 以网格为计算结构，以数据表为知识存储结构，以有限状态自动机为控制部件，通过数据接口实现本地和云端数据的交换。

首先，网格作为计算结构，可以对不同类型、不同层次的语言结构进行一致性计算封装，使语言单元对应网格单元，把结构分析聚焦为网格单元的属性和关系计算。其次，GPF 采用数据表封装语言知识，并在数据表中给出语言单元列表和语言单元的属性。然后，GPF 引入有限状态自动机作为上下文条件控制部件，通过对上下文条件的判断进行相应的计算。最后，GPF 通过数据接口进行语言结构数据的交换，协调网格内的符号计算和外部的端到端服务。

2.1.1 GPF 功能部件

自然语言的复杂性在于，一维的自然语言符号序列对应二维的形式结构和概念结构，要解决发生在多维客观世界的事物。因此，在计算过程中，计算结构要包容各种歧义现象，包括语言单元边界的歧义和语言概念的歧义等。为了完成以符号计算为总控的语言结构分析，GPF 提供的网格功能部件可以同时容纳不同层面、不同算法、甚至不同体系产生的语言结构，使这些语言结构既能协同，又能独立区分，共同支持生成复杂的目标结构。

数据表是存储知识的部件。GPF 以知识主导的专家系统作为总控来完成复杂的语言结构分析，包括深度语义分析等。因此，需要对多种类型的知识进行形式化表示，并能够支持海量知识的快速计算。在 GPF 中，针对数据表，设计了快速查找算法，实现了海量数据的高效处理能力。

有限状态自动机是表征语言上下文的计算控制部件。语言结构分析的核心工作就是利用上下文信息解决概念和结构歧义问题，有限状态自动机是一种简约高效、表达和处理能力强的控制部件，可以完成上下文的计算。

数据接口是为了调用第三方服务建立的数据交换接口标准和 API 函数。深层语言结构分析时，需要把复杂问题分解为子问题。这时，数据接口通过调用第三方服务来完成子问题或生成支持信息，将结果返回 GPF，支持解决复杂问题。GPF 为调用第三方服务定义了统一的数据接口，实现支持 API 函数的目标。GPF 一般计算框架如图 2-1 所示。

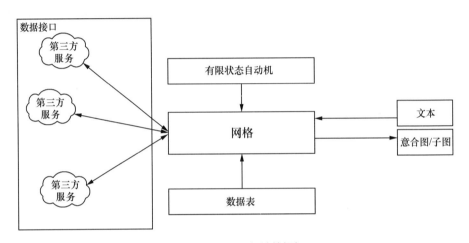

图 2-1　GPF 一般计算框架

1. 网格

网格是 GPF 的核心部件，网格通过 API 函数（Set Text）接收输入的分析文本，并通过 API 函数（GetUnits、GetUnitKVs 等）输出分析结果。

其他部件都是围绕网格提供相应的功能支持，数据表通过 API 函数（Segment）对分析文本进行分词，并将词语对应的属性添加到网格单元上，通过 API（SetLexicon、Relate）提供关系计算所需的知识源；有限状态自动机通过 API 函数（RunFSA）对网格中的上下文进行识别并执行相应操作；第三方服务通过 API 函数（CallService、AddStructure）完成第三方的语言结构数据与网格的交换。GPF 网格与其他部件交互如图 2-2 所示。

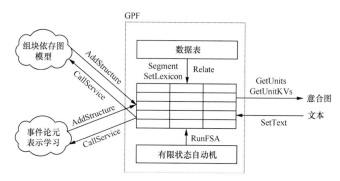

图 2-2　GPF 网格与其他部件交互

（1）网格与语言结构

语言结构是由诸多语言单元和语言单元之间的关系来体现的，语言单元可以是字、词、短语、句子等不同颗粒度的单元，关系可以是形式上的关系也可以是功能上的关系，既可以是语言学意义下的语法和语义关系，也可以是应用场景的具体关系。

语言单元和关系构成语言结构的框架，同时，语言单元和关系内部都有属性，即通过单元属性和关系属性，体现更深入的语言结构信息。在 GPF 语言结构蕴含网格中，网格单元对应语言单元，用"键值对"描述网格中不同对象的属性。属性包括网格单元的性质、网格之间关系的性质等。

GPF 网格结构与语言结构的关系如图 2-3 所示，在 GPF 中，用网格单元 U1、U2 对应分析文本中的语言单元，用网格单元属性表示语言单元的属性，即"键值对"{K=V} 的集合。用（U1，U2，R）和 {K=V} 分别表示语言单元之间的关系（R）和关系属性。

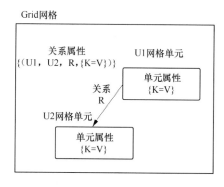

图 2-3　GPF 网格结构与语言结构的关系

（2）网格与多源、多类型语言结构

GPF 可以通过本地计算得到语言结构，例如，通过 Segment 函数给出分词结构、Relate 函数给出候选的搭配关系、通过脚本编程动态生成单元（AddUnit）和关系（AddRelation）等，也可以由第三方服务给出初始语言结构（CallService）并导入网格中（AddStructure），初始语言结构通常为各种形态的语法结构，可以是不经任何处理的原始句子，可以是分词词性标注序列，也可以是图结构，例如，句法依存图。

在复杂分析场景下，根据任务需求，可以准备一种初始输入结构，也可以同时准备多种初始输入结构，一并导入计算网格中。在将以上多源、多种类型的语言结构导入网格中时，一方面，GPF 定义 JavaScript 对象简谱（Java Script Object Notation，JSON）格式的数据接口规范，用来封装不同类型的语言结构数据，此时，数据可以通过 API 直接导入网格结构中；另一方面，为了在计算时区分不同来源的语言结构，GPF 可以在导入函数 AddStructure 中以参数的形式传入关系来源标识（Relation Source，RS），表示语言结构的不同来源。

对于不符合预定义 JSON 数据格式的语言结构，GPF 提供了 API 函数，将 JSON 数据转为 Lua 脚本语言的表结构，后续访问该表结构，转入 GPF 网格结构中，完成结构变换。

（3）网格与语言歧义

从结构角度，语言的歧义体现在 3 个方面：单元边界的歧义、单元属性的歧义和单元关系的歧义现象。

针对语言结构分析中的歧义，GPF 设计了具有包容各种歧义现象的计算结构——网格。

2. 数据表

GPF 通过以知识主导的专家系统为总控来完成复杂的语言结构分析，包括深度语义分析等。因此，GPF 采用数据表对知识进行形式化表示，根据应用情况，可以构建一个或多个数据表，在数据表中给出语言单元列表和语言单元的属性，以及语言单元之间的关系和属性。

通常来讲，数据表用于封装语言单元、关系及属性。其中，属性包括语言单元的内部结构和外部功能信息，是 GPF 网格单元属性和单元间关系属性的主要来源。

数据表可以表示一元知识和二元知识，当数据表表示一元知识（一般为词典知识，称为描述型数据表）时，只有一个主表；当数据表表示二元知识（一般为关系类知识，称为关系型数据表）时，可以只有一个主表，也可以有主表和从表两个数据表。

3. 有限状态自动机

GPF 引入有限状态自动机（Finite State Automation，FSA）作为上下文控制部件。一个有限状态自动机可以看作多个（Context，Operation）的集合。其中，Context 是对特定语言现象的形式化描述，如果网格中的上下文满足 Context 描述，则执行相应的 Operation(操作)。有限状态自动机形式化表示如图 2-4 所示。

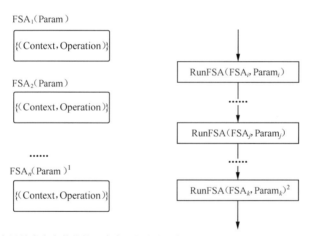

1. FSA_n（Param）意思是含有参数的第 n 个有限状态自动机。
2. 在当前网络运行 FSA。

图 2-4　有限状态自动机形式化表示

4. 数据接口

GPF 可以通过 API 函数（CallService）调用第三方服务，也可以在计算的各个阶段调用第三方服务（CallService），将其返回的数据（JSON）导入网格中（AddStructure）。

同时，GPF 可以作为服务被调用，其输出可以通过遍历网格结构（GetUnits）与单元的属性信息（GetUnitKVs）导出。

2.1.2 GPF 工作模式

根据问题的不同复杂程度，GPF 提供了 3 种工作模式，分别是简单模式、常规模式、组合模式。

1. 简单模式

简单模式不需要调用第三方服务，输入数据通常是离线生成的数据，通过本地资源的网格计算与 GPF 的 API 共同完成任务目标。该模式一般可以完成简单的目标任务，也可以完成批量数据处理的任务。例如，批量处理依存图结构数据，进行结构转换或者知识抽取等工作。简单模式如图 2-5 所示。

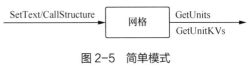

图 2-5 简单模式

2. 常规模式

常规模式一般通过调用第三方服务对输入的文本进行分析处理，在该种模式下，第三方服务通常完成分词或依存分析，然后将得到的语言结构数据导入网格中，在此基础上，继续通过本地部件完成目标工作，例如，第三方服务完成简单的结构到语义的分析转化工作。常规模式如图 2-6 所示。

3. 组合模式

组合模式即在 GPF 协调下调用

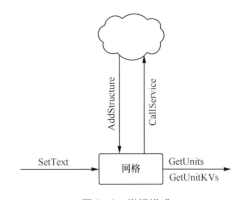

图 2-6 常规模式

第三方服务完成任务，通常用于解决复杂问题，例如，深度语义分析。组合模式下，可使用 GPF 在运行中的任一阶段调用第三方服务。例如，可以在输入原始文本后调用第三方服务，为 GPF 提供初始语言结构；也可以使用 GPF 的中间阶段，将当前网格信息传送到第三方服务，再将第三方服务返回的结果添加到网格中；同时，还可以在使用 GPF 的后期阶段，将 GPF 产生的结果传送到第三方服务，生成最后结果，此时，GPF 起到前期数据处理的作用。组合模式如图 2-7 所示。

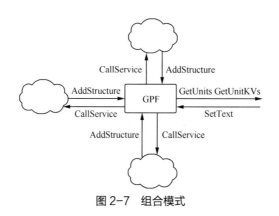

图 2-7　组合模式

2.1.3　GPF 编程体系

1. GPF 网格、代码与线程

GPF 代码示例如下，该代码的目的是分析多个文本。

代码 2-1

```
1    Text={t1,t2,...,tn}
2    for i=1,#Text do
3    SetText(Text[i])
4        ......
5        RunFSA(F1)
6        ......
7        Return()
8    end
```

需要说明的是，上述代码为伪代码，无法直接运行。

GPF 运行上述代码的内部机制代码如下，这些代码主要体现了网格线程与网格关系。

```
1    Text={t1,t2,... ,tn}
2    LuaThread=New Thread
3    LuaThread.Grid=New Grid
4    LuaThread.Grid.Init()
5        for i=1,#Text do
6        LuaThread.Grid.Clear()
```

```
7        LuaThread.Grid.SetText(Text[i])
8        ......
9        LuaThread.Grid.RunFSA(F1)
10       ......
11       LuaThread.Grid.Return()
12   end
13   LuaThread.Grid.Exit()
14   Delete LuaThread.Grid
15   Delete LuaThread
```

上述代码为伪代码，无法直接运行。上述代码的具体说明如下。

第 1 行：设有多个待分析的对象 t1, t2, ..., tn，这些对象存放在数组 Text 中。

第 2 行：启动一个 Lua 线程。

第 3 行：在线程中生成一个网格 "Grid" 对象。

第 4 行：进行网格初始化。

第 5 ~ 12 行：调用代码脚本，完成一个文本的分析。

第 13 行：网格清理工作。

第 14 行：删除网格。

第 15 行：删除线程。

综上所述，GPF 完成脚本计算过程的机制如下。

① 用一个线程运行一套 GPF 脚本。

② 一个网格对象用于分析多个句子。

③ 主脚本和有限状态自动机脚本共享一个线程空间，即主脚本和 FSA 脚本共享全局变量。

2. GPF 脚本 API 体系

GPF 扩展了 Lua 脚本语言，除了支持 Lua 语言的一般功能，还可以使用定制的 API 函数，利用编程进一步分析输入结构，最后输出结果。API 主要包括以下六大功能。

（1）输入输出

网格可以利用 API 函数 SetText 接收字符串形式的输入文本，也可以利用 API 函数 AddStructure 接收标准 JSON 格式的数据。不同 JSON 格式的数据，封装不同形态的语言结构。这些语言结构包括带有分词结构信息的文本、带有短语结构信息的文本、带有依存树或依存图信息的文本等。网格可以针对当前待分析的文本，导入一个或多个 JSON 格式的数据，形成统一表示的网格内部的计算结构。

（2）组合计算

组合计算通过调用第三方服务（CallService），实现与本地知识协同。

（3）上下文计算

网格可以通过调用有限状态自动机（RunFSA），匹配 FSA 的路径，引入语言上下文的分析能力。

（4）数据表计算

GPF 通过操作数据表，包括操作一元词典数据表和二元关系数据表，实现语言知识的应用。例如，API 函数 SetLexicon、Segment、Relate、GetSuffix 等。

（5）单元或关系计算

GPF 通过操作计算网格，实现网格内单元、单元之间关系的计算，包括建立新单元、建立新的关系等。例如，API 函数 AddUnit、AddRelation、IsUnit、IsRelation 等。

（6）属性计算

GPF 通过"键值对"的逻辑计算，实现对单元属性、关系属性和网格属性的计算。例如，API 函数 AddUnitKV、AddRelationKV、AddGridKV 等。

2.2　GPF 属性计算

GPF 属性计算是符号计算的核心工作，其目标是建立属性的形式化描述体系，对语言单元的属性和语言单元间关系的属性进行表征，并基于该体系进行属性计算。GPF 属性计算分为两个方面：一是建立属性形式化体系，通过属性分析对象的性质或状态；二是基于属性形式化体系的计算，即判断分析对象是否具有某种性质和状态，并根据对象的性质和状态进行相应的操作。

2.2.1　语言结构的属性

语言结构由语言单元和语言单元之间的关系构成，语言结构的属性又可以分为语言单元的属性和语言单元之间关系的属性两种。

1. 语言单元的属性

语言单元的属性是对语言单元性状的描述，包括语言单元自身固有的属性与语言单元在计算场景下产生的计算属性。

语言单元自身固有的属性包括语言单元基本信息、内部语法结构信息、外部语法功能信息、语义类型信息、语义角色信息、语义场信息、语用信息等，例如，词性、短语性质、语言单元的语义标签等。

语言单元在计算场景下产生的计算属性包括语言单元在网格、数据表、有限状态自动机中的属性。例如，语言单元对应的网格单元的编号信息、起止列信息等。

2. 语言单元之间关系的属性

语言单元之间关系的属性是对语言单元之间关系的性状的描述，与语言单元的属性相同，也包括语言单元之间关系的固有属性与语言单元之间关系在计算场景下产生的计算属性两类。

其中，语言单元之间关系的固有属性包括语素之间结构关系信息和语义关系信息；词和词之间的词汇搭配信息、语法角色信息、语义角色信息等；句子之间的句子关系信息、事件链信息等。

语言单元之间关系的计算属性主要是在结构分析过程中，动态产生的属性，用来协调计算或消歧等，例如，关系的特征属性等。

2.2.2　属性的形式化及计算

GPF 采用"键值对"{K=V} 的形式描述属性，语言对象的属性可以用一个或者多个"键值对"来描述，这些"键值对"构成一个集合，记为 {K=V}。一个"键值对"可以作为判断的用法，即判断"K"是否等于"V"，多个"键值对"用逻辑计算符号连接起来，表示复杂的判断，这时用法称为"键值表达式"，记为（KV）。通常，键值表达式用来判断语言单元是否具有某种性质和状态。

1. "键值对"

形式上 {K=V} 的"键值对"，K 是不含标点和空格的字符串，V 可以是字符串类型，也可以是数值类型。当 V 为字符串类型时，如果中间含有空格，则需两端加入"( )"，形如"K=(V)"。当同一个 K 具有不同 V 时，可以简写为"K=[V1 V2 V3]"。为了方便描写和计算，GPF 定义了 3 种具有特殊含义的 K 或 V，称为"U 型""S 型"和"R 型"。

（1）U 型（UT）

U 型是指与当前网格单元具有某种关系的其他语言单元。以字母"U"开始，可以用在 K 或 V 中，表示网格单元的集合。例如，"ULeftNear"是指当前网格单元在网格中左邻接单元的集合；在有限状态自动机的上下文匹配时，"UEntry"是指 FSA 匹配入口节点对应的网格单元。

GPF 定义的全部 U 型见表 2-1。

表 2-1　GPF 定义的全部 U 型

描述场景	U 型	含义
网格	URoot	当前网格中二元关系的核心单元对应的网格单元
网格单元	ULeftNear	当前网格单元左侧紧邻列的所有单元
	URightNear	当前网格单元右侧紧邻列的所有单元
	ULeftChar	当前网格单元最左侧字符所在的网格单元
	URightChar	当前网格单元最右侧字符所在的网格单元
	UThis	当前网格单元
	UChunk	当前单元的 Chunk 单元
输入结构——组块	UChunkUnits	当前组块单元的内部网格单元
	UChunkHead	当前组块单元的中心网格单元
输入结构——树	UHeadTree	当前网格单元的父节点对应的网格单元
	USubTree	当前网格单元的子节点对应的网格单元
二元关系	USub	当前网格单元的被依存节点对应的网格单元
	UHead	当前网格单元的依存节点对应的网格单元
数据表	UCollocation	从表中数据项对应的主表中心语单元
有限状态自动机	UEntry	有限状态自动机 Context 中的 FSA 匹配入口节点单元
	URightNo	有限状态自动机 Context 中当前节点右侧的第 No 个节点所匹配的网格单元
	ULeftNo	有限状态自动机 Context 中当前节点左侧的第 No 个节点所匹配的网格单元

（2）S 型（ST）

"键值对"描写语言单元的语义信息时，S 型的"键值对"用于描写语言单元的语义信息。K 一般为"sem"，对应的 V 可以用当前单元的语义编码，通常写为"sem=code"。

K 为"S 型"的"键值对"是对层级化概念体系下语言单元的语义描述，其对应的 V 是指语言单元的语义概念编码。在层级概念体系中，从根节点到叶子节点，每个子节点都是父节点的下位概念，并以前缀编码的策略对体系中的节点进行编码，每个叶子节点对应一个最小概念类并包含该概念类下的实例。概念类下的实例如图 2-8 所示，"人""人士"和"人物"的概念编码均为"Aa01A01"；"人类""生人"和"全人类"的概念编码为"Aa01A02"。

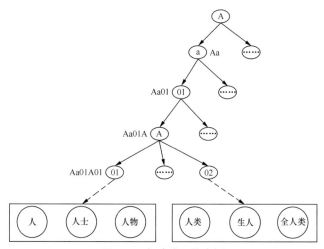

图 2-8　概念类下的实例

在这样的编码体系下，概念实例通过概念编码形成有层次、有关联的分类体系，通过编码的前缀就可以方便地进行实例间的语义计算。

（3）R 型（RT）

R 型是对另一类含义特殊的 K 的统称，以字母"R"开始，R 型对应的 V 是指当前单元与其他网格单元之间可能的关系名的集合。例如，"RSub"对应的 V 是指当前网格单元作为主单元时，与其有关的所有关系名的集合。"RHead"对应的 V 是指当前网格单元作为从单元时，与其有关的所有关系名的集合。"R 型"和"U 型"示意如图 2-9 所示。

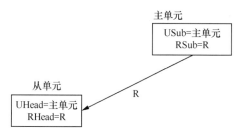

图 2-9　"R 型"和"U 型"示意

2. 键值表达式

"键值对"{K=V} 可以描述语言单元或关系的属性，也可以对语言单元或关系的属性进行测试，即返回逻辑"真"或"假"，代表计算对象是否存在"键值对"{K=V} 的属性。这里用来测试的 {K=V} 叫作键值表达式，记作（KV）。

多个键值表达式参与的逻辑计算也称为键值表达式，逻辑计算符包括与"&"、非"!"、或"[]"（需要说明的是，双引号内的符号是对应逻辑计算符的常用符号）。当 K 为 U 型或 R 型、V 为 S 型或 U 型时，这样的"键值对"参与计算，其表达的计算意义及用法较为特殊，具体介绍如下。

（1）U 型键值表达式

针对 K 为 U 型的"键值对"，在键值表达式中可以用 K 指代 V。由于 U 型对应的 V 是网格单元的集合，所以可以用 U 型指代这个集合，例如，"ULeftNear"，在键值表达式中表示当前单元的所有左邻接单元的集合。U 型的这种指代用法也可以递归使用，记为"UT ∶ UT"，例如，"ULeftNear ∶ ULeftChar"表示当前单元所有左邻接单元对应的最左字符所在的网格单元的集合。GPF 定义了 U 型在键值表达式中的 4 种用法。U 型在键值表达式中的 4 种用法见表 2-2。

表 2-2　U 型在键值表达式中的 4 种用法

形式	含义
UT∶K=V	判断当前单元的 UT 对应的网格单元是否具有"键值对"{K=V} 属性
UT=V	当 V 为单元编号时，判断当前单元的 UT 是否包含单元编号为 V 的单元；当 V 为字符串时，判断当前单元与其对应的 UT 网格单元是否具有二元关系"V"
K=UT	判断当前单元与其 UT 对应的网格单元是否具有相同的属性名为 K 的属性值
UT1=UT2	判断当前单元的 UT1 对应的网格单元集合与 UT2 对应的网格单元集合交集是否为非空集合

表 2-2 中每种用法中的 UT 可以为单独的一个 U 型，也可以是 U 型的递归用法，具体介绍如下。

① 当 UT 为单独一个 U 时，是对当前单元 U1 的相关单元（U2、U3、U4）进行属性判断。U1 的相关单元（U2、U3、U4）属性判断如图 2-10 所示。

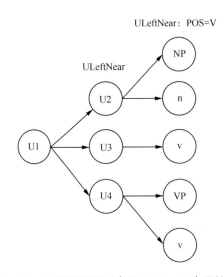

图 2-10 U1 的相关单元（U2、U3、U4）属性判断

② 当 UT 为 U 型的递归用法时，表示对当前单元 U1 的相关单元（U2、U3、U4）的相关单元（U21、U22、U31、U41、U42）进行属性判断。U1 的相关单元（U2、U3、U4）的相关单元（U21、U22、U31、U41、U42）属性判断如图 2-11 所示。

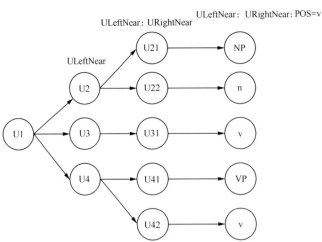

图 2-11 U1 的相关单元（U2、U3、U4）的相关单元（U21、U22、U31、U41、U42）属性判断

（2）S 型键值表达式

在计算场景中，GPF 通常使用 K 为 S 型的键值表达式来测试语言单元是否具有某种语义属性。另外，GPF 还可以通过共享前缀的情况判断两个语言单元的语义关系，语言单元的语义关系主要有以下两种情况。

① 上下位关系。GPF 可以通过上位概念编码对下位的语言单元进行属性测试，例如，Sem=Aa01A，所有概念编码前缀为 Aa01A 的语言单元都能使其为真。

② 对偶关系。具有对偶关系的语言单元的语义编码在概念层级体系中处于对偶位置，即语义编码中除了最后一个编码符号不同，其他都相同。

2.2.3　属性的应用

在 GPF 中，属性的应用包括两个方面的内容：一是对语言单元或语言单元之间关系性状的描述，即使用"键值对" {K=V} 描述属性；二是对语言单元或语言单元之间关系性状的逻辑计算，即使用键值表达式（KV）进行属性计算。GPF 中的网格、数据表、有限状态自动机三者的属性之间的关系如图 2-12 所示，在网格中属性用于存放语言单元和语言关系的信息；在数据表中，属性描写数据项的性质，可以作为数据项使用的限制条件；在有限状态自动机中，属性存放在 FSA 路径节点中，用来测试网格的状态。属性在不同部件中的具体应用介绍如下。

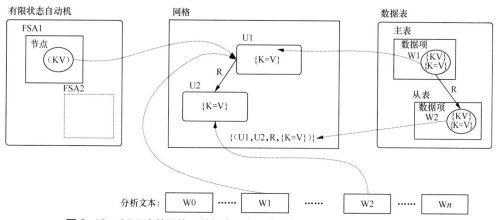

图 2-12　GPF 中的网格、数据表、有限状态自动机三者的属性之间的关系

1. 网格

在 GPF 中，网格和网格单元是两个不同的数据结构，网格包容网格单元，

同时，网格也独立存放信息。网格单元对应语言单元，网格单元内存放语言单元的属性信息和两个语言单元之间的关系信息，网格单元之间关系的属性信息也就是语言单元之间关系的属性信息，存放在网格中。网格单元属性和网格属性的具体说明如下。

（1）网格单元属性

网格单元属性的信息以"键值对"{K=V}的形式存放，主要包括以下 3 种类型。

① 语言单元的信息，来自输入语言结构（通过 AddStructure 函数激活）、词典（通过 SetLexicon、Segment 函数激活）或主表类型的数据表（通过 Relate 激活）。

② 语言单元间关系信息，来自输入语言结构（通过 AddStructure 函数激活）、关系型数据表（通过 Relate 函数激活）或计算过程（通过 AddRelation 添加），采用"U 型"和"R 型"指出构建关系的单元和关系类型。

③ 计算过程信息（通过 AddUnitKV 添加），主要用来消除歧义，记录信息。

（2）网格属性

网格有自己的属性信息，用"键值对"{K=V}来存放，主要包括以下 3 种类型。

① 单元之间关系的属性（U1，U2，R，{K=V}）。其中，"U1，U2，R"可以理解为一个"K"，代表一个关系，"{K=V}"为这个关系对应的属性。

② 二元关系中核心单元对应的网格单元信息，在网格中体现的 K 为 URoot 的"键值对"。这部分信息有 3 个来源：一是与输入语言结构中的 JSON 结构中"HeadID"表示的语言单元所对应的网格单元对应；二是来自关系型数据表（通过 Relate 添加）主表中的语言单元对应的网格单元；三是计算过程中添加的二元关系中的核心单元（通过 AddRelation 添加）。

③ 计算过程信息，用于记录计算过程中用于消除关系歧义的各种信息。

2. 数据表

GPF 数据表可以包含"键值对"{K=V}，也可以包含键值表达式（KV）。在描述型数据表和关系型数据表主表中，"键值对"用于描述语言单元的属性。在关系型数据表从表中，"键值对"描述两个语言单元间关系的属性。键值表达式可以用在数据表的数据项中，表示所有使其为真的语言单元的集合，也可以用在 Limit 后面，形如"Limit=KV"，用于对当前数据项的导入进行限制。

数据表通过 API 函数（SetLexicon、Segment、Relate）把数据项与网格单元关联起来，并把数据项对应的"键值对"{K=V} 导入网格单元中（词典与主表提供的信息）或关系中（从表提供的信息）。

3. 有限状态自动机

在 GPF 中，FSA 包含入口出口节点、属性测试节点、脚本操作节点 3 类节点。

其中，属性测试节点可以用键值表达式（KV）来表示，但该键值表达式不包含逻辑"或"操作（即不含"[]"）。键值表达式的测试对象是网格单元，对于匹配成功的 FSA 路径，路径上的每个属性测试节点对应一个网格单元，该网格单元的属性满足节点上的键值表达式（KV）。

第 3 章
GPF 网格

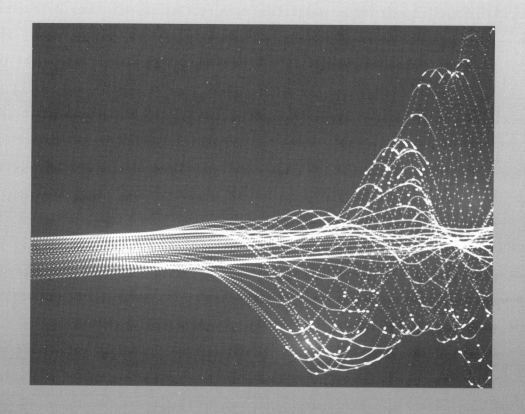

语言结构分析的核心任务是识别语言单元并构建语言单元之间关系，通过对语言单元和语言单元之间关系的属性深入刻画，达到自然语言深度解析的目的。GPF 采用网格为计算结构，在网格中包括诸多网格单元，每个网格单元对应一个语言单元，可以表示不同来源、不同层次、不同功能的语言单元。网格内的网格单元是一个动态生成的过程，可以来自初始化输入的语言结构，也可以是分析过程中产生新的语言单元。同时，GPF 采用"键值对"表示语言单元和语言单元之间关系的属性，利用"键值对"计算完成语言单元和语言单元之间关系的属性计算。

3.1 概述

3.1.1 网格计算结构

GPF 在编程时，不能用变量访问网格计算结构，而是通过定义 API 函数，完成网格操作。为了说明网格结构的内部原理，本小节采用代码的方式来描述网格的数据结构，具体代码如下。

代码 3-1

```
1    Def Grid
2    Variable:
3        Text
4        Units    {Uniti,j}
5        Relation    {<Unit1,Unit2,relation,{K=V}>}
6        GridKV {K=V}
7    Function:
8        SetText
9        GetText
10       AddUnit
11       AddRelation
12       AddRelationKV
```

```
13      GetRelationKV
14  end
15
16  Def Unit
17  Variable
18      Word
19      UnitKV    {K=V}
20  Function:
21      GetText
22      AddUnitKV
23      GetUnitKVs
24  end
```

上述代码为伪代码，无法直接运行，具体说明如下。

第 1 ~ 14 行用类变量和类函数的方式描述了 GPF 网格结构和 API 函数。其中，网格中包括输入文本（Text）、网格单元间的关系及属性（Relation）、网格属性（GridKV）以及网格单元集合（Units）。API 函数主要完成对网格的操作功能。这些操作功能包括输入待分析文本（SetText）、获取待分析文本（GetText）、添加网格单元（AddUnit）、添加网格单元间关系（AddRelation）、为网格单元间关系添加属性（AddRelationKV）、网格单元间关系的属性（GetRelationKV）。

第 17 ~ 24 行用类变量和类函数的方式描述了网格单元中的结构和相关的 API 函数。其中，网格单元中包括语言单元的字符串（Word）、网格单元属性（UnitKV）。与网格单元相关的 API 函数包括获取网格单元的字符串（GetText）、为网格单元添加属性（AddUnitKV）、获取网格单元的属性（GetUnitKVs）。

3.1.2　主要功能

网格是 GPF 的核心部件，一方面它可以接收输入的分析文本，输出分析结果；另一方面，在计算过程中与其他部件进行交互，完成分析过程。具体地，数据表提供计算所需的知识源，有限状态自动机进行上下文识别并执行相应操作，第三方服务通过 API 函数与网格进行结构数据的交换。

① 网格与输入输出：通过 API 函数（SetText）接收输入的待分析文本，并通过 API 函数（GetUnits、GetUnitKV 等）输出分析结果。

② 网格与第三方服务：第三方服务通过 API 函数（CallService、AddStructure）

完成第三方服务与网格的交互。

③ 网格与数据表：使用描述型数据表作为分词词表，通过 API 函数（Segment）生成网格单元；使用关系型数据表，通过 API 函数（SetLexicon、Relate）生成网格单元，建立网格单元之间的关系。

④ 网格与有限状态自动机：有限状态自动机通过 API 函数（RunFSA）对网格中的上下文进行识别并执行相应操作。

网格的主要功能示意如图 3-1 所示。

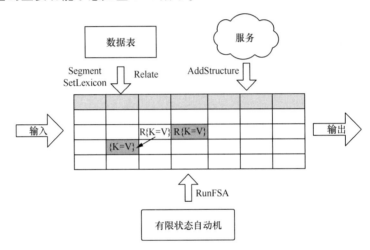

图 3-1　网格的主要功能示意

3.1.3　网格的形式结构

网格类似于矩阵，其列数等于输入文本的字符个数，当输入为文本时，行数为 1，随着文本输入形式的不同和计算过程的推进，网格的行数不断增加，网格的行数用以承载字、词、短语等不同层级类型的语言单元和计算过程中产生的中间单元。需要注意的是，不管文本输入是什么形式，网格的第一行都是字单元，其他结构产生的单元如果与字单元重复，则在原单元上添加该单元的属性信息，而不在网格中增加新的单元。

同时，每个语言单元的属性信息与语言单元之间的关系都用"键值对"{K=V}表示，作为网格单元的属性信息附加在对应的网格单元之上。而语言结构分析过程中产生的计算信息、输入信息、输出信息以及日志信息以"键值对"的形式附加在网格上。网格结构示例如图 3-2 所示。

H1(0,1)	H2(1,1)	H3(2,1)	H4(3,1)	H5(4,1)	H6(5,1)	H7(6,1)	H8(7,1)	H9(8,1)	H10(9,1)
	W1(1,2)					W2(6,2)	W1(7,2)		W3(9,2)
									C2(9,3)

图 3-2　网格结构示例

3.1.4　网格与属性

网格、网格单元以及网格单元之间的关系都有自己的属性。其中，网格的属性用来存储语言结构分析过程中的计算信息、输入信息、输出信息以及日志信息。网格单元的属性用来存储语言单元的语法信息、语义信息以及语言单元之间的关系。网格单元之间的关系的属性主要存储网格单元之间关系的特征、分数以及其他相关属性。这些属性都是以"键值对"的形式存储的。

本小节主要介绍附加在网格整体上的属性。当网格接收到输入信息后，输入对应的字符序列文本作为属性添加到网格中，通过 API 函数（GetText）获得该属性；同时，如果输入信息为依存结构，则依存图中的被依存节点对应的网格单元作为网格的"URoot"信息，通过 API 函数（GetGridKVs（"URoot"））可以获得该属性，计算过程中的日志信息也作为网格整体的属性，可以通过 API 函数（GetLogs）获得。另外，用户也可以在计算过程中自定义网格属性，用来跟踪程序运行状态。

3.2　网格单元

网格单元是网格的基础元素，网格单元具有唯一的单元编号，单元编号由其所在列数 c 和所在行数 r 组成（c，r）。除了最初输入形成的网格单元，随着计算的进行，网格单元逐渐增加。另外，每个网格单元都附有对应的"键值对"，用以描述该网格单元的属性信息，同样，"键值对"也会随着计算的进行而不断增加。

3.2.1　网格单元的类型

由于网格单元是用来存储语言单元的，所以网格单元的类型与语言单元的类型相同。因此，字单元、词单元、短语单元等，存储在键为 Type 的值域中。

1. 字单元（Type=Char）

无论 GPF 接收何种形式的输入，网格中的第一行都会产生字单元，且无论输入是何种形式，网格中都会产生字单元。同时，每个字单元下都会产生"Type=Char"和"Char=Char/HZ/Num/Punc/Eng"的属性。键为"Char"的值根据字符类型的不同自动填充。

2. 词单元（Type=Word）

如果 GPF 的输入中包含分词信息，那么无论分词信息是分词词性标注结构、短语结构还是依存结构，网格中都会产生词单元，词单元一般在字单元的下一行。如果词单元为单字词，此时网格中已有对应的字单元，则不再增加新的网格单元，而是在字单元的基础上增加表示词单元的"键值对"，表示该单元既是字单元又是词单元。

3. 短语单元（Type=Phrase）

当且仅当输入为基于词的短语结构树时，每个非终结节点的语言单元都会被认为是短语单元。

4. 组块单元（Type=Chunk）

网格具有包容性的特征，能够承载多源、多类型输入。例如，输入为基于组块的短语结构或基于组块的依存结构时，网格中会产生对应的组块单元。

3.2.2 网格单元的属性

网格单元的属性是对网格单元性质的描述，属性包括属性名和属性值，是以"键值对"的形式存储的，即 Key=Value（简写为 K=V）。属性值可以有一个独立的属性值，也可以有多个彼此不同的属性值，即属性值构成的集合，借助逻辑符号"[]"，可以简写为"K=[V1，V2]"。

根据描述内容的不同，网格单元的属性可以分为性状属性、关系类属性、结构类属性。其中，性状属性是对网格单元本身性质的描述，例如，网格单元的类型、位置等信息；关系类属性是对当前网格单元与其他网格单元关系的描述；结构类属性与当前网格单元具有某些网格结构联系的网格单元的描述。

1. 性状属性

性状属性分为通用属性、专用属性和自定义属性。其中，通用属性是指网格中所有单元都具有的属性，与网格单元类型无关，且在计算过程中不会发生变化；专用属性是指只有某些特定网格单元包含的属性，与网格单元类型或输入密切相关；自定义属性是指在计算过程中根据实际需求而添加的属性。

（1）通用属性

通用属性示例见表 3-1。

表 3-1　通用属性示例

属性名	属性值	含义
Unit	字符串，形如"(n1，n2)"	当前网格单元对应的单元编号
Word	字符串	当前网格单元对应的字符串
HeadWord	字符串	当前网格单元的中心词
From	数值	当前网格单元的起始列编号
To	数值	当前网格单元的终止列编号
ClauseID	数值	当前网格单元所在小句编号
ST	字符串	当前网格单元的来源信息

表 3-1 中的通用属性示例的具体解释说明如下。其中，Type 在 3.2.1 节已有说明，这里不再说明。

① Unit

Unit 属性是指当前网格单元的单元编号"(n1,n2)"。其中，n1 是列编号，n2 是行编号。

② Word

Word 属性是指当前网格单元对应的语言单元内容，一般为字符串形式。

③ HeadWord

HeadWord 是指当前网格单元的中心词，一般与 Word 的内容相同，也可以在计算中由用户设置。

④ From 和 To

From 和 To 用来描述网格单元在网格中的起止范围。其中，From 是网格单元起始列编号，即最左侧字符所在列编号；To 是网格单元终止列编号，即最右侧字符所在列编号。

⑤ ClauseID

ClauseID 是指当前网格单元所在小句的编号。其中，小句是指被分句标点分隔开的句子，分句标点包括逗号、句号、分号、问号和感叹号。如果只有一个小句，则每个网格单元都具有 ClauseID=0 的属性。

⑥ ST

ST 是指当前网格单元的来源信息，表明该网格单元是通过何种方式添加到网格中的，因此，其属性值与添加网格单元的操作相关。ST 具体操作及其产生的属性值见表 3-2。

表 3-2　ST 具体操作及其产生的属性值

操作	API	ST 的属性值
导入初始语言结构	AddStructure（Struct）	ST
导入二元数据表	Relate（TableName）	TableName
数据表分词	Segment（TableName）	TableName
直接添加网格单元	AddUnit（Col，Str）	—
有限状态自动机中添加网格单元的操作	RunFSA（FSAName）	FSAName

（2）专用属性

专用属性是指只有某些特定网格单元具有的属性，与网格单元类型或输入密切相关。专用属性包括字单元属性、词单元属性、短语单元属性、组块单元属性、依存结构等，具体描述如下。

① 字单元属性

字单元属性见表 3-3。

表 3-3　字单元属性

属性名	属性值	含义
Type	Char	表示当前网格单元为 Char 类型，字单元
Char	HZ/Punc/Num/Char/Eng	网格单元对应的字符类型，可以是汉字、分句标点、数字、符号和英文

在表 3-3 中，Type=Char，Type 属性用来表示当前网格单元的类型，每个

网格单元都有这一属性，不同类型的网格单元属性值不同。Type=Char 表示当前网格单元为字单元，也就是网格中第一行中的单元。

Char=HZ/Punc/Num/Char/Eng，Char 属性是字单元特有的属性，也就是当且仅当网格单元具有 Type=Char 的属性时，才会有 Char 属性，它的值包括 HZ/Punc/Num/Char/Eng。

"Char"的值及其具体说明见表 3–4。

表 3–4　"Char"的值及其具体说明

属性值	含义
HZ	汉字字符
Punc	标点符号，包括逗号、句号、分号、问号、感叹号
Num	阿拉伯数字
Char	其他字符
Eng	英文字母

② 词单元属性

词单元属性见表 3–5。

表 3–5　词单元属性

属性名	属性值	含义
Type	Word	表示当前网格单元为 Word 类型，词单元
POS	n，v……	当前网格单元的词性信息

在表 3–5 中，Type=Word，表示当前网格单元为 Word 类型，是词单元特有的属性。当 GPF 输入的语言结构中包含分词信息时，网格中会产生词单元。

POS 表示当前网格单元的词性信息。当 GPF 输入的语言结构中包含词性标注信息时，网格中的词单元会产生 POS 属性。例如，"POS=n"表示当前网格单元所对应的语言单元为名词。

③ 短语单元属性

短语单元属性见表 3–6。

表 3–6　短语单元属性

属性名	属性值	含义
Type	Phrase	表示当前网格单元为 Phrase 类型，短语单元

在表 3-6 中，Type=Phrase，表示当前网格单元为 Phrase 类型，是短语单元特有的属性。

④ 组块单元属性

组块单元属性见表 3-7。

表 3-7　组块单元属性

属性名	属性值	含义
Type	Chunk	表示当前网格单元为 Chunk 类型，短语单元
POS	Label	表示当前网格单元的组块句法或依存标签

在表 3-7 中，Type=Chunk，表示当前网格单元为 Chunk 类型，是组块单元特有的属性。

POS=Label，表示当前网格单元的组块句法或依存标签，包括"VP/NP/NULL"等。

⑤ 依存结构

依存结构见表 3-8。

表 3-8　依存结构

属性名	属性值	含义
GroupID	Num	当输入为依存结构时，表示当前网格单元所在自足结构的编号

在表 3-8 中，GroupID 表示当前网格单元所在自足结构的编号，是依存结构特有的属性。在依存图结构中，每个被依存节点和依存于它的节点形成一个自足结构，按照被依存节点在句子中的先后顺序将这些自足结构编号，网格单元所在的自足结构的编号就是它的 GroupID 的值。例如，"我喜欢打游戏讨厌写论文"的块依存分析结果如图 3-3 所示。

1. sbj（subject，表示主语）。
2. obj（object，表示宾语）。

图 3-3　"我喜欢打游戏讨厌写论文"的块依存分析结果

在图 3-3 中，被依存节点依次为：喜欢、打、讨厌、写。因此，产生了 4

个自足结构。自足结构如图 3-4 所示。

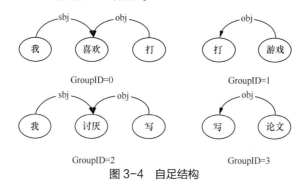

图 3-4　自足结构

每个自足结构内的节点都具有相同的 GroupID，例如，在第一个自足结构中，"我""喜欢"和"打"都具有 GroupID=0 的属性，对于"我"来说，由于它在两个自足结构中都存在，所以它的 GroupID 属性为：GroupID=0、2。需要注意的是，构成每个节点单元的子串对应的网格单元也具有这样的属性，例如，"论文"具有 GroupID=3 的属性，那么构成该单元的字单元"论""文"也具有 GroupID=3 的属性。

（3）自定义属性

自定义属性是根据计算需要人为添加到网格单元上的属性，与通用属性和专用属性不同，不是根据输入自动产生的。能够产生自定义属性的操作与产生的属性类型的具体说明如下。

① SetLexicon

SetLexicon 为网格单元添加存放在词典中的属性，该属性是在数据表中提前定义好的。执行该 API 函数后，在网格中添加新单元时，会在数据表中进行查找，如果当前单元的"HeadWord"或者"Word"在数据表中，则把数据表中该词条对应的属性添加到网格单元中。

② Segment

在当前网格中，从左到右进行最大长度切分并将词表中词条对应的属性添加到网格单元。词表中的词条属性是提前定义好的，通用词表中的词条属性一般为词性，领域词表中的词条属性是与领域相关的语法或语义属性。例如，词表中有"开会"一词，"开会"具有"Cat=PRD"的属性，表示它是事件谓词，则执行

Segment 之后，网格中会生成"开会"这一网格单元，且具有"Cat=PRD"的属性。

③ Relate

关系型数据表由主表和从表构成，其中，用户可以在主表的词条下自定义与当前词条相关的属性信息。当使用该函数导入关系型数据表时，会将主表中词条的属性添加到对应的网格单元中。

④ AddUnitKV

AddUnitKV 为当前网格单元添加任意成对的属性值，可以是语法属性也可以是语义属性，属性名 K、属性值 V 均为自定义。例如，为网格单元"正在教室里开会（9，3）"添加"Tag=VP"的属性，则执行 AddUnitKV（（9，3），"Tag"，"VP"）之后，网格单元（9，3）会具有"Tag=VP"的属性。

2. 关系类属性

网格单元的属性不仅可以用来描述网格单元本身的性状信息，还可以用来表征网格单元之间的关系信息。其中，两个网格单元之间的关系信息包括<HeadUnit，SubUnit，Relation，ST>。这里的 HeadUnit 为主网格单元；SubUnit 为从网格单元；Relation 为关系类型；ST 为此关系的来源。网格单元的关系类属性见表 3-9。

表 3-9　网格单元的关系类属性

网格单元	属性	说明
HeadUnit	USub=[SubUnit]	表示当前主网格单元包含所有从网格单元的集合
	USub-Relation=[SubUnit]	表示当前主网格单元具有的关系包含所有从网格单元的集合
	USubST=[SubUnit]	表示当前主网格单元包含来源为 ST 的所有从网格单元的集合
	USubST-Relation=[SubUnit]	表示当前主网格单元具有的关系包含来源为 ST 的所有从网格单元的集合
	RSub=[Relation]	表示当前主网格单元与从网格单元的所有关系
	RSubST=[Relation]	表示当前主网格单元与具有关系的从网格单元的所有依存关系
SubUnit	UHead=[HeadUnit]	表示与当前从网格单元具有关系的所有主网格单元

续表

网格单元	属性	说明
SubUnit	UHead–Relation=[HeadUnit]	表示与当前从网格单元具有关系的所有主网格单元
	UHeadST=[HeadUnit]	表示与当前从网格单元具有关系，且来源为 ST 的所有主网格单元
	UHeadST–Relation=[HeadUnit]	表示与当前从网格单元具有关系且来源为 ST 的所有主网格单元
	RHead=[Relation]	表示当前从网格单元与主网格单元的所有关系
	RHeadST=[Relation]	表示当前从网格单元与主网格单元的所有关系，且关系来源为 ST
	HeadUnit=Relation	表示当前从网格单元与主网格单元的关系

GPF 为网格单元添加关系类属性主要包括如下场景。

① 通过 API 函数 AddStructure 输入具有依存关系的语言结构时，语言单元之间的依存关系会以关系类属性的形式添加在语言单元对应的网格单元中。被依存语言单元对应的是主网格单元，即 HeadUnit，依存语言单元对应的是从网格单元，即 SubUnit，Relation 为依存关系。

② 采用 API 函数 AddStructure 为网格导入树状语言结构时，树叶语言单元和非叶语言单元对应网格单元，这些网格单元都具有关系类属性。如果网格单元在树状语言结构中有子网格单元，则该网格单元作为主网格单元，即 HeadUnit，具有"Head"类型的属性；如果网格单元在树状语言结构中有父网格单元，则该网格单元作为从网格单元，即 SubUnit，具有"Sub"类型的属性；主网格单元和从网格单元的关系"Relation"定义为"Link"。树状语言结构产生的关系类属性也会在 UHead 和 USub 后添加 ST 表示来源，当通过 AddStructure(TreeStruct) 导入树状语言结构时，ST 为 TreeStruct 中 ST 对应的值。

③ 用 API 函数 Relate 从数据表中导入关系型数据时，关系型数据表中存储了二元关系信息，主表中的词条对应的网格单元为 HeadUnit，从表中的词条对应的网格单元为 SubUnit。同理，HeadUnit 和 SubUnit 也具有表示二者关系的关系类属性。

④ 用 AddRelation 可以为指定的两个网格单元添加关系，形如 AddRelation（HeadUnit，SubUnit，Relation）。其中，HeadUnit 表示主网格单元，SubUnit 表示从网格单元。同理，HeadUnit 和 SubUnit 也具有表示二者关系的关系类属性。

3. 结构类属性

结构类属性通过 U 型属性表示当前网格单元在网格和语言结构中，与其具有位置关系或结构关系的其他网格单元，其属性名是 U 型，属性值为一个或多个网格单元。与网格结构相关的结构类属性见表 3-10。

表 3-10　与网格结构相关的结构类属性

属性	说明
ULeftChar=Unit	表示当前网格单元对应的语言单元最左字符所在的网格单元
URightChar=Unit	表示当前网格单元对应的语言单元最右字符所在的网格单元
ULeftNear=[Unit]	表示当前网格单元左侧紧邻列的所有网格单元
URightNear=[Unit]	表示当前网格单元右侧紧邻列的所有网格单元
UThis=Unit	表示当前网格单元

在表 3-10 中，ULeftChar 是当前网格单元最左的字符，即起始列对应的字符；URightChar 是当前网格单元最右的字符，即终止列对应的字符。ULeftNear 是当前网格单元左侧紧邻列的所有单元的集合；URightNear 是当前网格单元右侧紧邻列的所有单元的集合。

与语言结构相关的结构类属性见表 3-11。

表 3-11　与语言结构相关的结构类属性

属性	说明
UChunk=Unit	表示当前网格单元所在组块对应的网格单元
UChunkHead=Unit	表示当前网格单元所在组块的主网格单元，通常为组块中最右侧的词单元
UChunkUnits=[Unit]	表示当前网格单元所在组块的所有词单元

3.3　网格单元之间的关系

自然语言结构主要通过语言单元和语言单元之间关系来体现的，在网格中，网格单元之间的关系即为语言单元之间的关系。一个关系可以表示为 4 元组：

<HeadUnit，SubUnit，Relation，{KV}>。

其中，HeadUnit：主网格单元，通常对应被依存语言单元。

SubUnit：从网格单元，通常对应依存语言单元。

Relation：网格单元之间关系，对应语言单元之间的关系。

{KV}：网格单元之间关系的属性，用"键值对"表示，对应语言单元之间关系的属性。

在网格单元中，当前分析文本所有语言结构的关系为以上 4 元组的集合。

GPF 主要通过两种方式保存网格单元之间的关系信息：一种是单独存放，通过关系类 API 函数进行存取，例如，API 函数 GetRelations，GetRelationKVs，AddRelation 等；另外一种是在网格单元中存放，通过"键值对"的形式表征，作为网格单元的关系类属性。

3.3.1　网格单元之间关系的类型

在网格单元之间关系 4 元组 <HeadUnit，SubUnit，Relation，{KV}> 中，Relation 表示的是网格单元之间关系的类型。在语言结构分析中，关系可以是不同层次的类型，可以是句法关系、语义关系，也可以是语用关系。网格单元 HeadUnit、SubUnit 对应的语言单元也可以是不同层次的，可以是字、词、句或篇章等。

1. 句法关系

句法关系是指两个网格单元对应的语言单元之间具有句法结构上的关系。例如，句法依存关系、句法树的父语言单元与子语言单元之间的关系等。在 GPF 中，句法关系可以通过 API 函数 AddStruction 导入网格中，也可以在计算过程中动态添加。

例如，"我不喜欢下棋"具有 < 喜欢，我，sbj>< 喜欢，下棋，obj>< 喜欢，不，mod>< 喜欢下棋，下棋，Link>< 喜欢下棋，喜欢，Link> 等关系。

2. 语义关系

语义关系是指两个网格单元对应的语言单元之间具有语义结构上的关系，这种关系可以是论元关系、情态关系等。例如，"我不喜欢下棋"具有 < 喜欢，我，A0>< 喜欢，下棋，A1>< 喜欢，不，Neg> 等关系。

3. 语用关系

除了上述两种关系，网格单元之间关系的类型还可以根据应用场景需求自定义。例如，如果要统计某一俱乐部在一场比赛中的总得分，那么首先要构建俱乐部和球员的关系，然后统计每个球员的得分，最后将每个球员的得分相加即可得到该俱乐部在某场比赛中的总得分。形如 <Team，Player，Belongto><Player，Score，ScoreInfo><Team，Score，ScoreInfo>。

3.3.2 网格单元之间关系的属性

综上所述，网格单元之间关系 4 元组 <HeadUnit，SubUnit，Relation，{KV}> 中，{KV} 是对关系类型 Relation 的深入刻画。例如，"老师们正在教室里开会"，为了更好地表示句子语义，可以在网格单元之间关系下添加与时间和地点相关的属性，形如 < 开会，老师们，A0，{Place= 教室 Time= 正在 }>。

在 GPF 中，操作关系属性的 API 函数有 AddRelationKV 和 GetRelationKVs 等，这些函数可以完成添加和访问网格单元之间的关系属性。

第 4 章
GPF 网格计算

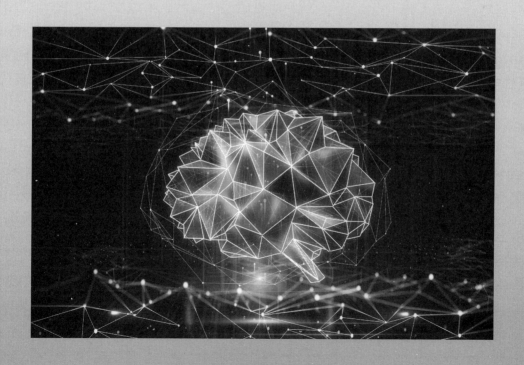

为了便于进行语言结构分析，GPF 采用 Lua 脚本编程语言，专门定制了一套 API 函数，利用 API 函数进行编程可以实现网格、数据表、有限状态自动机和数据接口这 4 个功能部件之间的协同工作。网格是 GPF 的核心计算结构，其他部件以网格为中心实现各自功能。其中，数据表为网格提供计算知识，有限状态自动机作为控制部件，通过在网格中匹配，完成语言上下文的识别和操作，数据接口为网格计算提供了第三方服务输出的中间语言结构信息。网格计算包括网格"键值对"属性的计算、不同网格单元之间关系的计算，得到语言单元的属性信息和不同语言单元之间的关系，生成深层次的语言结构信息，实现语言结构分析的最终目标。

4.1　输入输出

4.1.1　输入

GPF 的输入文本可以是句子也可以是篇章；可以是原始的文本，也可以是已经带有结构信息的数据。一般通过读取文件的方式为网格输入待分析文本，并通过 SetText 或 AddStructure 函数网格初始化待分析文本。

1. SetText

通过调用 API 函数 SetText 将原始文本导入网格中，调用该函数后，首先清空当前网格中的所有内容，然后对当前分析文本进行网格初始化，即此时网格只有一行，且网格列数等于输入分析文本的字符数。以此为起点，进行后续的语言结构分析，示例代码如下。

代码 4-1

```
1    local function Demo()
2        In = io.open("test.txt" ,"r")
```

```
3        local Line = In:read("*l")
4        while(Line ~= nil)
5        do
6            SetText(Line)
7            print("#"..GetText())
8            Line = In:read("*l")
9        end
10       io.close(In)
11   end
12
13   Demo()
```

其中，文件"test.txt"中的内容如下。

中国驻美国大使馆的官员们参加了中国文物展开幕式。
近两百名业内人士盛装出席。
该展览由美国伊斯曼柯达公司主办。

上述代码 4-1 的运行结果如下。

#中国驻美国大使馆的官员们参加了中国文物展开幕式。
#近两百名业内人士盛装出席。
#该展览由美国伊斯曼柯达公司主办。

上述代码 4-1 的功能如下。

打开文本文件，并将文件中每行作为独立的分析对象，导入网格中。

第 6 行，把文件"test.txt"中每行作为分析文本，通过 API 函数 SetText 读入网格中，初始化网格，准备分析该文本，不同行之间的文本相互独立。

第 7 行，打印输出当前网格中的分析文本。

2. AddStructure

带有语言结构信息的数据可以有多种类型。例如，带有分词和词性信息、短语层次信息等。API 函数 AddStructure 可以直接将带有结构信息的文本数据导入网格中，而不需要先调用 API 函数 SetText。

需要注意的是，导入的数据需要符合 GPF 预定义的 JSON 数据格式，同时需要清空之前的网格结构与导入数据对应的原始文本。如果数据对应的原始文本是当前网格分析文本的子串，则不会清空当前网格内容，而是把当前导入的语言结构信息添加到之前的网格结构中，为当前网格增加增量信息。否则，GPF 会清空之前网格，导入当前内容，开始新一轮的语言结构分析，示例代码如下。

代码 4-2

```
1   Sentences={}
2   table.insert(Sentences,"本发明公开了多工位硬质聚氨酯模具自动
    脱模机,")
3   table.insert(Sentences,"两条滑轨之间设置托盘框架。")
4   table.insert(Sentences,"机架两侧设有压紧气缸,压紧气缸上方设有模具
    压紧板;")
5   table.insert(Sentences,"机架上位于滑轨的一端处固定有拉伸气缸。")
6
7   local function Main(Sentences)
8    Text=table.concat(Sentences,"")
9    SetText(Text)
10   for i=1,#Sentences do
11       Seg=CallService(Sentences[i],"depseg")
12       AddStructure(Seg)
13       print(Seg)
14   end
15   Units=GetUnits("Word=机架")
16   for i=1,#Units do
17       print(Units[i],GetText(Units[i]))
18   end
19 end
20 Main(Sentences)
```

上述代码 4-2 的运行结果如下。

```
(36,2)    机架
(61,2)    机架
```

上述代码 4-2 的主要功能如下。

合并第 2 ~ 5 行句子，合并后将其一起作为分析对象，导入网格中。

第 11 行，依次分析每个句子。

第 12 行，通过 API 函数 AddStructure 将分析后的文本添加到网格中。

第 15 ~ 18 行，输出网格单元中字符串为"机架"的网格单元。

4.1.2　输出

计算的各个阶段都可以调用 API 函数得到当前网格的分析状态。通过获得网格内网格单元的信息、网格的属性信息和网格单元的属性信息，得到语言结构分析的中间状态或最终结果。

1. GetGrid

调用 API 函数 GetGrid，可以遍历整个网格结构，示例代码如下。

代码 4-3

```
1   local function Exam()
2       Line='{"Units":["瑞士","球员","塞费罗维奇","率先","破门","，",
    "沙奇里","梅开二度","。"]}'
3       AddStructure(Line)
4       Grid=GetGrid()
5       for i,Units in pairs(Grid) do
6           for j,Unit in pairs(Units) do
7               if IsUnit(Unit,"Type=Word") then
8                   print(Unit,GetWord(Unit),"Type=Word")
9               end
10          end
11      end
12      for i=1,#Grid  do
13          for j=1,#Grid[i] do
14              if IsUnit(Grid[i][j],"Type=Char") then
15                  print(Grid[i][j],GetText(Grid[i]
    [j]),"Type=Char")
16              end
17          end
18      end
19
20
21  end
22
23  Exam()
```

上述代码 4-3 的运行结果如下。

```
(1,2)    瑞士   Type=Word
(3,2)    球员   Type=Word
(8,2)    塞费罗维奇 Type=Word
(10,2)   率先   Type=Word
(12,2)   破门   Type=Word
(13,1)   ，  Type=Word
(16,2)   沙奇里    Type=Word
(20,2)   梅开二度     Type=Word
(21,1)   。 Type=Word
(0,1)    瑞 Type=Char
```

```
(1,1)    士 Type=Char
(2,1)    球 Type=Char
(3,1)    员 Type=Char
(4,1)    塞 Type=Char
(5,1)    费 Type=Char
(6,1)    罗 Type=Char
(7,1)    维 Type=Char
(8,1)    奇 Type=Char
(9,1)    率 Type=Char
(10,1)   先 Type=Char
(11,1)   破 Type=Char
(12,1)   门 Type=Char
(13,1)   , Type=Char
(14,1)   沙 Type=Char
(15,1)   奇 Type=Char
(16,1)   里 Type=Char
(17,1)   梅 Type=Char
(18,1)   开 Type=Char
(19,1)   二 Type=Char
(20,1)   度 Type=Char
(21,1)   。 Type=Char
```

上述代码 4-3 的主要功能如下。

将带有分词信息的数据导入网格，并输出所有词类型（Word）和字符类型（Char）的网格单元。

第 2 ～ 3 行，通过 API 函数 AddStructure 将带有分词信息的数据导入网格中。

第 4 ～ 11 行，通过 API 函数 GetGird 得到网格中所有单元的信息，并通过遍历输出网格中所有词类型（Word）的网格单元。

第 12 ～ 18 行，输出网格中所有字符类型（Char）的网格单元。

2. GetUnits 和 GetRelations

调用 API 函数 GetUnits 得到网格单元，调用 API 函数 GetRelations 得到网格单元之间的关系，示例代码如下。

代码 4-4

```
1    local function GetRelationInfo()
2        Relations=GetRelations()
```

```
3      for i,R in pairs(Relations) do
4          if IsRelation(R["U1"],R["U2"],R["R"],"ST=dep") then
5              Relation=GetText(R["U1"]).." "..GetText
   (R["U2"]).."("..R["R"]..")"
6              print(Relation,"ST=dep")
7          end
8      end
9      print("")
10  end
11
12  local function GetUnitInfo(KV1,UT,KV2)
13      Units=GetUnits(KV1)
14      for i,Unit in pairs(Units) do
15          print(">"..GetText(Unit),UT)
16          Us=GetUnits(Unit,UT)
17          for j,U in pairs(Us) do
18              if IsUnit(U,KV2) then
19                  print(GetText(U))
20              end
21          end
22      end
23      print("")
24  end
25
26  Line=[[
27  {"Type": "Chunk", "Units":["瑞士球员塞费罗维奇","率先","破门",
   ", ","沙奇里","梅开二度","。"],"POS":["NP","VP","VP","w","NP",
   "VP","w"],"Groups":[{"HeadID":1,"Group":[{"Role":"sbj","SubID":
   0}]},{"HeadID":2,"Group":[{"Role":"sbj","SubID":0}]},{"HeadID":
   5,"Group":[{"Role":"sbj","SubID":4}]}],"ST":"dep"}
28  ]]
29  AddStructure(Line)
30
31  Line=[[{"Type":"Word","Units":["瑞士","球员","塞费罗维奇","率先",
   "破门",", ","沙奇里","梅开二度","。"],"POS":["ns","n","nr","d",
   "v","w","nr","i","w"],"ST":"segment"}]]
32  AddStructure(Line)
33  GetUnitInfo("POS=n","UChunkUnits","[POS=ns POS=nr]")
34  GetRelationInfo()
```

上述代码 4-4 的运行结果如下。

```
塞费罗维奇
瑞士
```

```
率先 瑞士球员塞费罗维奇(sbj)        ST=dep
破门 瑞士球员塞费罗维奇(sbj)        ST=dep
梅开二度 沙奇里(sbj)        ST=dep
```

上述代码 4-4 的主要功能如下。

第 26 ~ 29 行，将带有句法依存信息的语言结构数据导入网格中。

第 31 ~ 32 行，将带有分词和词性信息添加到对应的网格单元中。

第 33 行，输出网格中与某一词性为名词的网格单元在同一组块内部，且自身词性为人名或地名的网格单元。

第 34 行，输出来自 "dep" 的所有关系。

3. GetGridKVs

调用 API 函数 GetGridKVs 得到网格的属性信息，示例代码如下。

代码 4-5

```
1    local function Exam()
2        Line=[[
3        {"Type":"Chunk","Units":["瑞士球员塞费罗维奇","率先","破门",
"，","沙奇里","梅开二度","。"],"POS":["NP","VP","VP","w","NP",
"VP","w"],"Groups":[{"HeadID":1,"Group":[{"Role":"sbj","SubID":
0}]},{"HeadID":2,"Group":[{"Role":"sbj","SubID":0}]},{"HeadID":
5,"Group":[{"Role":"sbj","SubID":4}]}],"ST":"dep"}
4        ]]
5        AddStructure(Line)
6        AddGridKV("Tag","Info1")
7
8        Line=[[{"Type":"Word","Units":["瑞士","球员","塞费罗维奇",
"率先","破门","，","沙奇里","梅开二度","。"],"POS":["ns","n",
"nr","d","v","w","nr","i","w"],"ST":"segment"}]]
9        AddStructure(Line)
10       AddGridKV("Tag","Info2")
11
12       KVs=GetGridKVs()
13       Info=""
14       for k,Vs in pairs(KVs) do
15           Val=table.concat(Vs," ")
16           if #Vs > 1 then
17               print(k.."=["..Val.."] ")
18           elseif  #Vs > 0 then
19               print(k.."="..Val.." ")
```

```
20          end
21      end
22  end
23
24  Exam()
```

上述代码 4-5 的运行结果如下。

```
URootdep=[(10,2) (12,2) (20,2)]
URoot=[(10,2) (12,2) (20,2)]
Tag=[Info1 Info2]
ST-Relation=dep
RRoot=sbj
ST-Unit=[dep segment]
RRootdep=sbj
```

上述代码 4-5 的主要功能如下。

第 1 ~ 5 行，将带有依存结构信息的语言结构数据导入网格中。

第 6 行，为网格添加属性。

第 8 ~ 9 行，将带有分词词性信息的语言结构数据导入网格，该语言结构为当前网格提供增量信息，即词条信息。

第 10 行，为网格添加属性。

第 12 ~ 21 行，输出当前网格内的所有属性。

4. GetUnitKVs

调用 API 函数 GetUnitKVs 得到单元的属性信息，示例代码如下。

代码 4-6

```
1   local function Exam()
2       Line=[[
3   {"Words":["瑞士","率先","破门",", ","沙奇里","梅开二度","。"],
4    "Tags": ["ns","d","v","w","nr","i","w"],
5    "Relations":[{"U1":3,"U2":1,"R":"A0","KV":"KV1"},
6    {"U1":3,"U2":2,"R":"Mod","KV":"KV2"},
7    {"U1":6,"U2":5,"R":"A0","KV":"KV3"}]}
8       ]]
9
10      Info=cjson.decode(GB2UTF8(Line))
11      Sentence=table.concat(Info["Words"],"")
12      SetText(UTF82GB(Sentence))
13      print(GetText())
14      Col=0
```

```
15        Units={}
16        for i=1,#Info["Words"] do
17            Col=Col+string.len(UTF82GB(Info["Words"][i]))/2
18            Unit=AddUnit(Col-1,UTF82GB(Info["Words"][i]))
19            AddUnitKV(Unit,"POS",Info["Tags"][i])
20            table.insert(Units,Unit)
21        end
22
23        for i=1,#Info["Relations"] do
24            U1=Units[Info["Relations"][i]["U1"]]
25            U2=Units[Info["Relations"][i]["U2"]]
26            R=Info["Relations"][i]["R"]
27            KV=Info["Relations"][i]["KV"]
28            AddRelation(U1,U2,R)
29            AddRelationKV(U1,U2,R,"KV",KV)
30        end
31
32        GridInfo=GetGrid()
33        for i,Col in pairs(GridInfo) do
34            for j,Unit in  pairs(Col) do
35                if IsUnit(Unit,"Type=Word") then
36                    KVs=GetUnitKVs(Unit)
37                    print("=>",GetText(Unit))
38                    for K,Vs in pairs(KVs) do
39                        Val=table.concat(Vs," ")
40                        print(K,"=",Val)
41                    end
42                end
43            end
44        end
45        Relations=GetRelations()
46        for i,R in pairs(Relations) do
47            Relation=GetText(R["U1"]).."".."GetText(R["U2"]).."(".."
    R["R"]..")"
48            KVs=GetRelationKVs(R["U1"],R["U2"],R["R"])
49            Info=""
50            for k,Vs in pairs(KVs) do
51                Val=table.concat(Vs," ")
52                if #Vs > 1 then
53                    Info=Info..k.."=["..Val.."] "
54                else
55                    Info=Info..k.."="..Val.." "
56                end
57            end
```

```
58              print("=>"..Relation)
59              if Info ~= "" then
60                  print("KV:"..Info)
61              end
62          end
63      end
64
65  Exam()
```

上述代码 4-6 运行的结果如下。

```
瑞士率先破门，沙奇里梅开二度。
=>  瑞士
ClauseID    =   0
POS =   ns
Word    =   瑞士
UChunk  =
RHeadDyn    =   A0
From    =   0
RHead   =   A0
UHeadDyn-A0 =   (5,2)
To  =   1
(5,2)   =   A0
HeadWord    =   瑞士
UHeadDyn    =   (5,2)
UHead   =   (5,2)
Type    =   Word
UThis   =   (1,2)
UHead-A0    =   (5,2)
=>  率先
Word    =   率先
POS =   d
UHeadDyn-Mod    =   (5,2)
UChunk  =
RHeadDyn    =   Mod
From    =   2
RHead   =   Mod
ClauseID    =   0
To  =   3
(5,2)   =   Mod
UHead-Mod   =   (5,2)
UHeadDyn    =   (5,2)
UHead   =   (5,2)
Type    =   Word
```

```
UThis      =     (3,2)
HeadWord   =     率先
=> 破门
USubDyn =    (1,2) (3,2)
RSub    =    A0 Mod
UChunk  =
ClauseID    =    0
Type    =    Word
UThis   =    (5,2)
POS =   v
USubDyn-A0  =    (1,2)
HeadWord    =    破门
To  =   5
Word    =    破门
From    =    4
RSubDyn =    A0 Mod
USub-A0 =    (1,2)
USubDyn-Mod =    (3,2)
USub-Mod    =    (3,2)
USub    =    (1,2) (3,2)
=> ,
POS =   w
Word    =    ,
UChunk  =
From    =    6
HeadWord    =    ,
To  =   6
ClauseID    =    0
Type    =    Char Word
UThis   =    (6,1)
Char    =    Punc
=> 沙奇里
ClauseID    =    1
POS =   nr
Word    =    沙奇里
UChunk  =
RHeadDyn    =    A0
From    =    7
RHead   =    A0
UHeadDyn-A0 =    (13,2)
To  =   9
UHead   =    (13,2)
UHeadDyn    =    (13,2)
(13,2)  =    A0
```

```
HeadWord    =    沙奇里
Type    =    Word
UThis    =    (9,2)
UHead-A0    =    (13,2)
=>  梅开二度
POS =   i
RSub    =    A0
UChunk   =
Word    =    梅开二度
From    =    10
HeadWord    =    梅开二度
ClauseID    =    1
To  =   13
USubDyn-A0    =    (9,2)
USubDyn =    (9,2)
USub-A0 =    (9,2)
RSubDyn =    A0
Type    =    Word
UThis    =    (13,2)
USub    =    (9,2)
=>  。
POS =   w
Word    =    。
UChunk  =
From    =    14
HeadWord    =    。
To  =   14
ClauseID    =    1
Type    =    Char Word
UThis    =    (14,1)
Char    =    Punc
=>破门 瑞士(A0)
KV:KV=KV1 ST=Dyn
=>破门 率先(Mod)
KV:KV=KV2 ST=Dyn
=>梅开二度 沙奇里(A0)
KV:KV=KV3 ST=Dyn
```

上述代码 4-6 的主要功能如下。

第 2 ~ 8 行，第一个 JSON 格式的语言结构数据不符合 GPF 预定义的数据格式，即不能通过 API 函数 AddStructure 直接导入网格中。

第 10 行，将 JSON 格式数据转换为 Lua 的表结构，通过 API 函数 GB2UTF8，将 GB 编码的数据转为 UTF8 编码，以便 cjson.decode 函数做格式转换。

第 11 ~ 12 行，从 Lua 的表结构中生成待分析文本，并导入网格中，实现网格内容的初始化。

第 16 ~ 21 行，在当前网格中，添加分词网格单元和词性信息。

第 23 ~ 30 行，在当前网格中，添加网格单元间的关系。

第 32 ~ 44 行，输出当前网格中所有词类型（Type=Word）的网格单元及其属性。

第 45 ~ 63 行，输出当前网格中所有网格单元之间的关系及单元关系的属性。

5. GetRelationKVs

调用 GetRelationKVs 得到语言单元之间关系的属性信息，示例代码如下。

代码 4–7

```
1    local function Exam()
2        Line=[[
3        {"Words":["瑞士","率先","破门","，","沙奇里","梅开二度","。"],
4         "Relations":[{"U1":3,"U2":1,"R":"A0"},
5         {"U1": 3, "U2":2,"R":"Mod"},
6         {"U1": 6, "U2":5,"R":"A0"}]}
7        ]]
8        Info=cjson.decode(GB2UTF8(Line))
9        Sentence=table.concat(Info["Words"],"")
10       SetText(UTF82GB(Sentence))
11       print(GetText())
12       Col=0
13       Units={}
14       for i=1,#Info["Words"] do
15           Col=Col+string.len(UTF82GB(Info["Words"][i]))/2
16           Unit=AddUnit(Col-1,UTF82GB(Info["Words"][i]))
17           table.insert(Units,Unit)
18       end
19
20       for i=1,#Info["Relations"] do
21           U1=Units[Info["Relations"][i]["U1"]]
22           U2=Units[Info["Relations"][i]["U2"]]
23           R=Info["Relations"][i]["R"]
24           AddRelation(U1,U2,R)
```

```
25              AddRelationKV(U1,U2,R,"R",R)
26          end
27
28      Relations=GetRelations()
29      for i,R in pairs(Relations) do
30          Relation=GetText(R["U1"]).." "..GetText(R["U2"]).."(".. 
    R["R"]..")"
31          KVs=GetRelationKVs(R["U1"],R["U2"],R["R"])
32          Info=""
33          for k,Vs in pairs(KVs) do
34              Val=table.concat(Vs," ")
35              if #Vs > 1 then
36                  Info=Info..k.."=[".."Val.."] "
37              else
38                  Info=Info..k.."=".."Val.." "
39              end
40          end
41          print("=>"..Relation)
42          if Info ~= "" then
43              print("KV:"..Info)
44          end
45      end
46 end
47
48 Exam()
```

上述代码 4-7 的运行结果如下。

```
瑞士率先破门，沙奇里梅开二度。
=>破门  瑞士(A0)
KV:R=A0 ST=Dyn
=>破门  率先(Mod)
KV:R=Mod ST=Dyn
=>梅开二度  沙奇里(A0)
KV:R=A0 ST=Dyn
```

上述代码 4-7 的主要功能如下。

第 2 ～ 7 行，第一个 JSON 格式的语言结构数据不符合 GPF 预定义的数据格式，即不能通过 API 函数 AddStructure 直接导入网格中。

第 8 行，将 JSON 格式数据转换为 Lua 的表结构，通过 API 函数 GB2UTF8，将 GB 编码的数据转为 UTF8 编码，以便 cjson.decode 函数做格式转换。

第 9 ～ 10 行，从 Lua 的表结构中生成待分析文本，并导入网格中，实现网格内容的初始化。

第 12 ~ 18 行，在当前网格中，添加分词网格单元和词性信息。

第 20 ~ 26 行，在当前网格中，添加网格单元间的关系。

第 28 ~ 45 行，输出当前网格中所有网格单元之间的关系及网格单元关系的属性。

4.2　网格单元计算

网格单元是网格结构的主要内容，网格单元对应语言单元，网格内网格单元的数量、类型、内部属性信息以及网格单元之间的关系等都与分析文本的语言结构信息对应。在 GPF 中，为网格结构添加网格单元和获取网格单元，是经常使用的功能。

4.2.1　添加网格单元

在 GPF 中，可以通过多种方式添加网格单元，添加网格单元的 API 函数见表 4-1。

表 4-1　添加网格单元的 API 函数

API 函数	功能
SetText	用原始文本初始网格
AddUnit	在指定的网格位置上添加网格单元
AddStructure	向网格中导入预定义 JSON 格式的语言结构数据
Reduce	利用有限状态自动机匹配路径信息，添加新的网格单元
Segment	利用一元数据表，在当前网格中切分出新的网格单元
Relate	利用一元数据表，在当前网格中切分出新的网格单元，同时建立网格单元之间的关系

1. SetText

调用 API 函数 SetText，清空之前的网格内容，用原始分析文本初始化网格，即建立一行多列的初始网格结构，列数为原始分析文本的字符个数，示例代码如下。

代码 4-8

```
1    SetText("hi, 大家好！")
2    GridInfo=GetGrid()
3    for i,Col in pairs(GridInfo) do
4        for j,Unit in  pairs(Col) do
5            KVs=GetUnitKVs(Unit)
6            print("=>",GetText(Unit))
7            for K,Vs in pairs(KVs) do
8                    Val=table.concat(Vs," ")
9                    print(K,"=",Val)
10           end
11       end
12   end
```

上述代码 4-8 的运行结果如下。

```
=> H
From      =      0
UThis     =      (0,1)
Type      =      Char
Char      =      Eng
Word      =      H
HeadWord  =      H
ClauseID  =      0
UChunk    =
To =      0
=> I
From      =      1
UThis     =      (1,1)
Type      =      Char
Char      =      Eng
Word      =      I
HeadWord  =      I
ClauseID  =      0
UChunk    =
To =      1
=> ,
From      =      2
UThis     =      (2,1)
Type      =      Char
Char      =      Punc
Word      =      ,
HeadWord  =      ,
ClauseID  =      0
```

```
UChunk    =
To =           2
=> 大
From      =    3
UThis     =    (3,1)
Type      =    Char
Char      =    HZ
Word      =    大
HeadWord  =    大
ClauseID  =    1
UChunk    =
To =           3
=> 家
From      =    4
UThis     =    (4,1)
Type      =    Char
Char      =    HZ
Word      =    家
HeadWord  =    家
ClauseID  =    1
UChunk    =
To =           4
=> 好
From      =    5
UThis     =    (5,1)
Type      =    Char
Char      =    HZ
Word      =    好
HeadWord  =    好
ClauseID  =    1
UChunk    =
To =           5
=> !
From      =    6
UThis     =    (6,1)
Type      =    Char
Char      =    Punc
Word      =    !
HeadWord  =    !
ClauseID  =    1
UChunk    =
To =           6
```

上述代码 4-8 的主要功能如下。

第 1 行，通过 API 函数 SetText 将原始文本导入网格中。

第 2 ~ 12 行，通过 API 函数 GetGrid 获得所有网格单元，并遍历输出。

2. AddUnit

调用 API 函数 AddUnit，在指定的网格位置添加网格单元，示例代码如下。

代码 4-9

```
1    local function Exam()
2        Line=[[
3        {"Words":["瑞士","率先","破门","，","沙奇里","梅开二度","。"],
4        "Tags":["ns","d","v","w","nr","i","w"],
5        "Relations":[{"U1":3,"U2":1,"R":"A0","KV":"KV1"},
6        {"U1":3,"U2":2,"R":"Mod","KV":"KV2"},
7        {"U1":6,"U2":5,"R":"A0","KV":"KV3"}]}
8        ]]
9        Info=cjson.decode(GB2UTF8(Line))
10       Sentence=table.concat(Info["Words"],"")
11       SetText(UTF82GB(Sentence))
12       print(GetText())
13       Col=0
14       Units={}
15       for i=1,#Info["Words"] do
16           Col=Col+string.len(UTF82GB(Info["Words"][i]))/2
17           Unit=AddUnit(Col-1,UTF82GB(Info["Words"][i]))
18           AddUnitKV(Unit,"POS",Info["Tags"][i])
19           table.insert(Units,Unit)
20       end
21
22       for i=1,#Info["Relations"] do
23           U1=Units[Info["Relations"][i]["U1"]]
24           U2=Units[Info["Relations"][i]["U2"]]
25           R=Info["Relations"][i]["R"]
26           KV=Info["Relations"][i]["KV"]
27           AddRelation(U1,U2,R)
28           AddRelationKV(U1,U2,R,"KV",KV)
29       end
30
31       GridInfo=GetGrid()
32       for i,Col in pairs(GridInfo) do
33           for j,Unit in  pairs(Col) do
34               if IsUnit(Unit,"Type=Word") then
```

```
35                          KVs=GetUnitKVs(Unit)
36                          print("=>",GetWord(Unit))
37                          for K,Vs in pairs(KVs) do
38                                  Val=table.concat(Vs," ")
39                                  print(K,"=",Val)
40                          end
41                     end
42              end
43       end
44
45
46       Relations=GetRelations()
47       for i,R in pairs(Relations) do
48           Relation=GetWord(R["U1"]).." "..GetWord(R["U2"]).."("..
     R["R"]..")"
49           KVs=GetRelationKVs(R["U1"],R["U2"],R["R"])
50           Info=""
51           for k,Vs in pairs(KVs) do
52               Val=table.concat(Vs," ")
53               if #Vs > 1 then
54                   Info=Info..k.."=["..Val.."] "
55               else
56                   Info=Info..k.."="..Val.." "
57               end
58           end
59           print("=>"..Relation)
60           if Info ~= "" then
61                   print("KV:"..Info)
62           end
63       end
64
65
66
67  end
68
69  Exam()
```

上述代码 4-9 的运行结果如下。

```
瑞士率先破门，沙奇里梅开二度。
=>  瑞士
From      =    0
UChunk    =
Word      =    瑞士
```

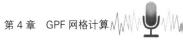

```
HeadWord      =     瑞士
UHeadDyn-A0 =     (5,2)
UHeadDyn     =     (5,2)
UThis    =    (1,2)
UHead    =    (5,2)
RHeadDyn     =     A0
(5,2)    =    A0
ClauseID      =     0
UHead-A0    =     (5,2)
POS =    ns
RHead    =    A0
Type      =     Word
To  =   1
=>  率先
From      =     2
UChunk  =
Word    =    率先
UHead-Mod    =     (5,2)
UHeadDyn-Mod     =     (5,2)
UHeadDyn     =     (5,2)
UThis    =    (3,2)
UHead    =    (5,2)
RHeadDyn     =     Mod
(5,2)    =    Mod
ClauseID      =     0
HeadWord      =     率先
POS =    d
RHead    =    Mod
Type      =     Word
To  =   3
=>  破门
From      =     4
Word    =    破门
USub-A0 =    (1,2)
ClauseID      =     0
USubDyn-Mod =     (3,2)
UChunk  =
USub-Mod    =     (3,2)
UThis    =    (5,2)
RSubDyn =    A0 Mod
Type      =     Word
To  =   5
USubDyn     =    (1,2) (3,2)
HeadWord      =     破门
```

```
POS =    v
RSub     =    A0 Mod
USubDyn-A0 =    (1,2)
USub     =    (1,2) (3,2)
=> ,
From     =    6
UChunk   =
Char     =    Punc
Word     =    ,
UThis    =    (6,1)
To = 6
ClauseID   =    0
POS =    w
Type     =    Char Word
HeadWord   =    ,
=> 沙奇里
From     =    7
UChunk   =
Word     =    沙奇里
(13,2)   =    A0
UHeadDyn-A0 =    (13,2)
UHeadDyn   =    (13,2)
UThis    =    (9,2)
UHead    =    (13,2)
RHeadDyn   =    A0
To = 9
ClauseID   =    1
UHead-A0   =    (13,2)
POS =    nr
RHead    =    A0
Type     =    Word
HeadWord   =    沙奇里
=> 梅开二度
From     =    10
UChunk   =
USubDyn-A0 =    (9,2)
USubDyn =    (9,2)
Word     =    梅开二度
UThis    =    (13,2)
USub-A0 =    (9,2)
USub     =    (9,2)
To = 13
```

```
ClauseID    =    1
POS =   i
RSub    =    A0
HeadWord    =    梅开二度
Type    =    Word
RSubDyn =    A0
=>   。
From    =    14
UChunk  =
Char    =    Punc
Word    =    。
UThis   =    (14,1)
To  =   14
ClauseID    =    1
POS =   w
Type    =    Char Word
HeadWord    =    。
=>破门 瑞士(A0)
KV:ST=Dyn KV=KV1
=>破门 率先(Mod)
KV:ST=Dyn KV=KV2
=>梅开二度 沙奇里(A0)
KV:ST=Dyn KV=KV3
```

上述代码 4-9 的主要功能如下。

第 2 ~ 8 行，第一个 JSON 格式的语言结构数据不符合 GPF 预定义的数据格式，即不能通过 API 函数 AddStructure 直接导入网格中。

第 9 行，将 JSON 格式数据转换为 Lua 的表结构，通过 API 函数 GB2UTF8，将 GB 编码的数据转为 UTF8 编码，以便 cjson.decode 函数做格式转换。

第 10 ~ 11 行，从 Lua 的表结构中生成待分析文本，并导入网格中，实现网格内容的初始化。

第 13 ~ 20 行，在当前网格中，通过 API 函数 AddUnit 添加分词网格单元，并为其添加词性信息。

第 22 ~ 29 行，在当前网格中，添加网格单元间的关系。

第 31 ~ 63 行，输出当前网格中所有网格单元、单元属性、单元之间的关系及单元关系的属性。

3. AddStructure

调用 API 函数 AddStructure，可以将符合 GPF 预定义 JSON 格式的语言结构数据导入网格中。该函数包括添加网格单元等具体功能，这些功能也可以用网格计算的基本函数实现，为了方便使用和提高效率，在 GPF 中设立了 API 函数。现将其功能用基本函数实现，示例代码如下。

代码 4-10

```
1    function AddRelation2Unit(UnitHead,UnitSub,Role,KVs,ST
     1,ST2)
2      AddRelation(UnitHead,UnitSub,Role)
3      if KVs ~= nil then
4        for KVs in pairs(KVs) do
5          for k=1,#Vs do
6            AddRelationKV(UnitHead,UnitSub,Role,K,
             Vs[k])
7          end
8        end
9      end
10
11     AddRelationKV(UnitHead,UnitSub,Role,"ST",ST1)
12     AddRelationKV(UnitHead,UnitSub,Role,"ST",ST2)
13     AddGridKV("ST-Relation",ST1)
14     AddGridKV("ST-Relation",ST2)
15
16     AddGridKV("URoot",UnitHead)
17     AddGridKV("URoot"..ST1,UnitHead)
18     AddGridKV("URoot"..ST2,UnitHead)
19
20     AddGridKV("RRoot",Role)
21     AddGridKV("RRoot"..ST1,Role)
22     AddGridKV("RRoot"..ST2,Role)
23
24     AddUnitKV(UnitHead,"USub",UnitSub)
25     AddUnitKV(UnitHead,"USub"..ST1,UnitSub)
26     AddUnitKV(UnitHead,"USub"..ST2,UnitSub)
27
28     AddUnitKV(UnitHead,"USub-"..Role,UnitSub)
29     AddUnitKV(UnitHead,"USub"..ST1.."-"..Role,UnitSub)
30     AddUnitKV(UnitHead,"USub"..ST2.."-"..Role,UnitSub)
31
32
```

```lua
33        AddUnitKV(UnitSub,"UHead",UnitHead)
34        AddUnitKV(UnitSub,"UHead"..ST1,UnitHead)
35        AddUnitKV(UnitSub,"UHead"..ST2,UnitHead)
36
37        AddUnitKV(UnitSub,"UHead-"..Role,UnitHead)
38        AddUnitKV(UnitSub,"UHead"..ST1.."-"..Role,UnitHead)
39        AddUnitKV(UnitSub,"UHead"..ST2.."-"..Role,UnitHead)
40
41
42        AddUnitKV(UnitHead,"RSub",Role)
43        AddUnitKV(UnitHead,"RSub"..ST1,Role)
44        AddUnitKV(UnitHead,"RSub"..ST2,Role)
45
46        AddUnitKV(UnitSub,"RHead",Role)
47        AddUnitKV(UnitSub,"RHead"..ST1,Role)
48        AddUnitKV(UnitSub,"RHead"..ST2,Role)
49        AddUnitKV(UnitSub,UnitHead,Role)
50
51    end
52
53
54    local function AddStructureLua(JSon)
55        Info=cjson.decode(GB2UTF8(JSon))
56        if Info["Units"] ~= nil then
57            Sentence=table.concat(Info["Units"],"")
58            SetText(UTF82GB(Sentence))
59        end
60
61        Type="Word"
62        if Info["Type"] ~= nil then
63            Type=Info["Type"]
64        end
65
66        ST="Struct"
67        if Info["ST"] ~= nil then
68            ST=Info["ST"]
69        end
70
71
72        UnitArray={}
73        Col=0
74        for i=1,#Info["Units"] do
75            Col=Col+string.len(UTF82GB(Ban2Quan(Info["Units"]
    [i])))/2
```

```
76          Unit=AddUnit(Col-1,UTF82GB(Ban2Quan(Info["Units"]
        [i])),Type)
77              if Info["POS"] ~= nil then
78                  AddUnitKV(Unit,"POS",Info["POS"][i])
79                  AddUnitKV(Unit,"Type",Type)
80                  AddUnitKV(Unit,"ST",ST)
81                  AddUnitKV(Unit,"ST","Table")
82              end
83              table.insert(UnitArray,Unit)
84          end
85
86      if Info["Groups"] ~= nil then
87          for j=1,#Info["Groups"] do
88              UnitHead=UnitArray[Info["Groups"][j]["HeadID"]+1]
89              if Info["Groups"][j]["Group"] ~= nil then
90                  Role=Info["Groups"][j]["Group"][1]["Role"]
91                  UnitSub=UnitArray[Info["Groups"][j]["Group"]
        [1]["SubID"]+1]
92                  AddRelation2Unit(UnitHead,UnitSub,Role,nil,
    ST,"Struct")
93                  AddUnitKV(UnitSub,"GroupID",tostring(j))
94              end
95              AddUnitKV(UnitHead,"GroupID",tostring(j))
96          end
97      end
98
99
100  end
101
102
103  function Main()
104      Line=[[
105      {"Type":"Chunk","Units":["瑞士球员塞费罗维奇","率先","破门",
        "，","沙奇里","梅开二度","。"],"POS":["NP","VP","VP","w",
        "NP","VP","w"],"Groups":[{"HeadID":1,"Group":[{"Role":
        "sbj","SubID":0}]},{"HeadID":2,"Group":[{"Role":"sbj",
        "SubID":0}]},{"HeadID":5,"Group":[{"Role":"sbj","SubID":
        4}]}],"ST":"dep"}
106      ]]
107      AddStructureLua(Line)
108  end
```

上述代码 4-10 的主要功能如下。

第 103 ~ 108 行，通过调用 AddStructureLua 函数实现 API 函数 AddStructure

的功能，将带有依存结构信息的数据导入网格中。

第 5 ~ 100 行，利用 GPF 的基本 API 函数实现函数 AddStructure 的功能，完成对 JSON 格式数据的解析，并将其导入网格。

其中，第 55 ~ 59 行，将原始文本进行网格初始化。

第 61 ~ 64 行，获取网格单元类型信息。

第 66 ~ 69 行，获取来源信息。

第 72 ~ 84 行，在当前网格中，添加网格单元和单元属性。

第 86 ~ 96 行，在当前网格中，将依存信息添加到网格单元关系中。

第 1 ~ 51 行，JSON 格式中的依存信息添加到网格的网格属性、网格单元属性、网格单元关系中。

4.2.2　获取网格单元

在 GPF 中，获取网格单元的主要 API 函数见表 4-2。

表 4-2　获取网格单元的主要 API 函数

API	功能
GetGrid()	获得全部网格单元
GetUnits（URoot）	获取网格中所有被依存的网格单元
GetUnits（KV）	获取满足键值表达式（KV）的所有网格单元
GetUnits（UnitNo，UT）	获取与网格单元 UnitNo 具有 U 型关系的网格单元
GetUnits（UnitNo，UT，KV）	获取与网格单元 UnitNo 具有 U 型关系的且具有某种属性的网格单元

1. GetGrid

通过 API 函数 GetGrid 获得全部网格单元，示例代码如下。

代码 4-11

```
1    AddStructure([[{"Type":"Word",
2    "Units": ["那","位","王","阿姨","在","超市","买","了","很","多",
     "菜"],
3    "POS": ["r","q","nr","n","p","n","v","u","d","a","n"]}]],
     "SegPOS")
4    GridInfo=GetGrid()
5    for i,Col in pairs(GridInfo) do
```

```
6      for j,Unit in pairs(Col) do
7          print(Unit, GetText(Unit))
8      end
9  end
```

上述代码4-11的运行结果如下。

```
(0,1)       那
(1,1)       位
(2,1)       王
(3,1)       阿
(4,1)       姨
(4,2)       阿姨
(5,1)       在
(6,1)       超
(7,1)       市
(7,2)       超市
(8,1)       买
(9,1)       了
(10,1)      很
(11,1)      多
(12,1)      菜
```

上述代码4-11的主要功能如下。

第1～3行，通过 AddStructure 将带有分词词性信息的数据导入网格。

第4～9行，通过 GetGrid 获取所有的网格单元，并遍历输出网格单元编号和与网格单元对应的语言单元字符串。

2. GetUnits(KV)

通过API函数GetUnits(KV)获取满足某种属性的网格单元,示例代码如下。

代码4-12

```
1   DepJson=[[
2   {
3       "Type":"Chunk",
4       "Units": ["那位王阿姨", "在超市", "买了", "很多菜"],
5       "POS": ["NP", "NULL", "VP", "VP"],
6       "Groups": [{
7           "HeadID": 2,
8           "Group": [{
9               "Role": "sbj",
10              "SubID": 0
11          },{
12              "Role": "mod",
```

```
13              "SubID": 1
14          },{
15              "Role": "obj",
16              "SubID": 3
17          }]
18      }]
19  }
20  ]]
21  AddStructure(DepJson,"Dep")
22  Units=GetUnits("RSub=*")
23  for i=1,#Units do
24      print(Units[i], GetText(Units[i]))
25  end
26
27  Units=GetUnits("RSubDep=sbj")
28  for i=1,#Units do
29      print(Units[i], GetText(Units[i]))
30  end
```

上述代码 4-12 的运行结果如下。

(9,2)	买了
(9,2)	买了

上述代码 4-12 的主要功能如下。

第 1 ~ 21 行，通过 AddStructure 将带有组块依存信息的数据导入网格。

第 22 ~ 25 行，获得所有被依存节点对应的网格单元。

第 27 ~ 30 行，获得所有来源为 "Dep"，且具有 sbj 关系的被依存节点对应的网格单元。

3. GetUnits(URoot)

网格具有 "URoot" 的属性，用于存放二元关系中被依存节点对应的网格单元，通过 GetUnits(URoot) 可以获得网格中所有的被依存单元，或者通过形如 "URoot" 的属性获得与被依存单元有关联的网格单元，示例代码如下。

代码 4-13

```
1  DepJson=[[
2  {
3      "Type":"Chunk",
4      "Units": ["那位王阿姨", "在超市", "买了", "很多菜"],
5      "POS": ["NP", "NULL", "VP", "VP"],
6      "Groups": [{
```

```
7            "HeadID": 2,
8            "Group": [{
9                "Role": "sbj",
10               "SubID": 0
11           },{
12               "Role": "mod",
13               "SubID": 1
14           },{
15               "Role": "obj",
16               "SubID": 3
17           }]
18       }]
19   }
20   ]]
21   AddStructure(DepJson, "Dep")
22   Units=GetUnits("URoot")
23   for i=1,#Units do
24       print(Units[i], GetText(Units[i]))
25   end
26
27   Units=GetUnits("URoot:ULeftChar")
28   for i=1,#Units do
29       print(Units[i], GetText(Units[i]))
30   end
31
32   Units=GetUnits("URootDep")
33   for i=1,#Units do
34       print(Units[i], GetText(Units[i]))
35   end
```

上述代码 4-13 的运行结果如下。

```
(9,2)        买了
(8,1)        买
(9,2)        买了
```

上述代码的主要功能如下。

第 1 ~ 21 行，通过 AddStructure 将带有组块依存信息的数据导入网格。

第 22 ~ 25 行，获得所有被依存节点对应的网格单元。

第 27 行，表示获得所有被依存节点最左侧字符对应的网格单元。当被依存节点有多个来源时，例如，初始语言结构、数据表等，可以用 API 函数 GetUnits 获得指定来源的被依存节点对应的网格单元。

第 32 行，表示获得所有来源为"Dep"的被依存节点对应的网格单元，即通过 API 函数 AddStructure 导入的被依存节点对应的网格单元。

4. GetUnits(UnitNo，UT)

通过 API 函数 GetUnits(UnitNo，UT) 获得与当前网格单元相关的网格单元，示例代码如下。

代码 4-14

```
1    DepJson=[[
2    {
3        "Type":"Chunk",
4        "Units": ["那位王阿姨", "在超市", "买了", "很多菜"],
5        "POS": ["NP", "NULL", "VP", "VP"],
6        "Groups": [{
7            "HeadID": 2,
8            "Group": [{
9                "Role": "sbj",
10               "SubID": 0
11           },{
12               "Role": "mod",
13               "SubID": 1
14           },{
15               "Role": "obj",
16               "SubID": 3
17           }]
18       }]
19   }
20   ]]
21   AddStructure(DepJson,"Dep")
22   Roots=GetUnits("URoot")
23   for i=1,#Roots do
24       Units=GetUnits(Roots[i], "ULeftNear")
25       for j=1,#Units do
26           print(Units[j], GetText(Units[j]))
27       end
28   end
```

上述代码 4-14 的运行结果如下。

(7,1)	市
(7,2)	在超市

上述代码 4-14 的主要功能如下。

第 1 ~ 21 行，通过 AddStructure 将带有组块依存信息的数据导入网格。

第 22 行，获得所有被依存节点对应的网格单元。

第 23 行，程序控制类语句。

第 24 行，获得网格单元 Roots[i] 左侧紧邻列的所有网格单元。

5. GetUnits(UnitNo，UT，KV)

通过 API 函数 GetUnits(UnitNo，UT，KV) 获得与当前网格单元相关的且具有某种属性的网格单元，示例代码如下。

代码 4-15

```
1   DepJson=[[
2   {
3       "Type":"Chunk",
4       "Units": ["那位王阿姨", "在超市", "买了", "很多菜"],
5       "POS": ["NP", "NULL", "VP", "VP"],
6       "Groups": [{
7           "HeadID": 2,
8           "Group": [{
9               "Role": "sbj",
10              "SubID": 0
11          },{
12              "Role": "mod",
13              "SubID": 1
14          },{
15              "Role": "obj",
16              "SubID": 3
17          }]
18      }]
19  }
20  ]]
21  AddStructure(DepJson,"Dep")
22  Roots=GetUnits("URoot")
23  for i=1,#Roots do
24  Units=GetUnits(Roots[i], "ULeftNear", "Type=Chunk")
25  for j=1,#Units do
26          print(Units[j], GetText(Units[j]))
27      end
28  end
```

上述代码 4-15 的运行结果如下。

```
(7,2)    在超市
```

上述代码 4-15 的主要功能如下。

第 1 ~ 21 行，通过 AddStructure 将带有组块依存信息的数据导入网格。

第 22 行，获得所有被依存节点对应的网格单元。

第 23 行，程序控制类语句。

第 24 行，获得网格单元 Roots[i] 左侧紧邻列中所有的组块单元。

4.3 网格单元属性计算

在 GPF 中，网格单元的属性承载了语言单元的各类信息，既包括静态的词典类信息，也包括动态的计算过程信息；既包括语言单元本身的信息，也包括该语言单元与其他语言单元构建的关系信息；既包括语言单元的内部构成信息，也包括该语言单元在外部充当的功能信息。

在网格中，针对网格单元的属性计算是 GPF 语言结构计算的重要方面。网格单元属性计算主要包括添加网格单元属性、获取网格单元属性、测试网格单元属性、网格单元属性特征相关的计算等。

4.3.1 添加网格单元属性

在 4.2 中介绍了为网格添加网格单元的几种 API 函数，这些 API 函数在添加新的网格单元后，根据函数实现的功能不同，同时也为相应的语言单元添加了属性信息。

除了添加网格单元相关函数可以为网格单元赋予属性信息，在 GPF 中，可以直接调用 API 函数 AddUnitKV(UnitNo，K，V) 为网格单元添加属性，示例代码如下。

代码 4-16

```
1    local function Demo()
2        SetText("他抬头看了看天。")
3        Units = GetUnits("Word=了")
4        for i=1,#Units do
5            LeftChar = GetUnitKV(Units[i], "ULeftNear")
6            RightChar = GetUnitKV(Units[i], "URightNear")
7            if GetText(LeftChar) == GetText(RightChar) then
8                Word = GetText(LeftChar).."了"..GetText(RightChar)
```

```
9                    Unit = AddUnit(GetUnitKV(RightChar,"To"), Word)
10                   AddUnitKV(Unit,"Tag","DupWord")
11                   if IsUnit(Unit, "Tag=DupWord") then
12                       print(Unit, GetText(Unit))
13                   end
14              end
15         end
16
17    end
18
19    Demo()
```

上述代码 4-16 的运行结果如下。

(5,2)   看了看

上述代码 4-16 的主要功能为：在合并 "A 了 A" 重叠词的基础上，继续为其添加属性。

第 10 行，通过 AddUnitKV 为新单元 Unit 添加 "Tag=DupWord" 的属性。

4.3.2　获取网格单元属性

在 GPF 中，获取网格单元的属性有如下 3 种情况。获取网格单元 API 函数见表 4-3。

表 4-3　获取网格单元 API 函数

API 函数	功能
GetUnitKVs(UnitNo)	获得网格单元的所有属性
GetUnitKVs(UnitNo，Key)	当一个 Key 有多个 Value 时，获得网格单元中某一个 Key 具有的所有属性值
GetUnitKV(UnitNo，Key)	当一个 Key 只有一个 Value，获得网格单元中某一个 Key 具有的属性值

1. GetUnitKVs(UnitNo)

调用 GetUnitKVs(UnitNo)获取网格单元所有的属性和属性值，示例代码如下。

代码 4-17

```
1    AddStructure([[{"Type":"Word",
2     "Units": ["那","位","王","阿姨","在","超市","买","了","很",
```

```
         "多","菜"],
3    "POS":["r","q","nr","n","p","n","v","u","d","a","n"]}]],
     "SegPOS")
4    Units=GetUnits("POS=nr")
5    for i=1,#Units do
6        Vs=GetUnitKVs(Units[i])
7        for K,Vs in pairs(KVs) do
8            Info=""
9            for k=1,#Vs do
10               if string.match(Vs[k]," ") then
11                   Info=Info.."("..Vs[k]..") "
12               else
13                   Info=Info..Vs[k].." "
14               end
15           end
16           print(K,"=",Info)
17       end
18   end
```

上述代码 4-17 的运行结果如下。

```
UThis = (2,1)
POS = nr
Word = 王
ST = SegPOS
From = 2
Char = HZ
ClauseID = 0
Type = Char Word
HeadWord = 王
To = 2
```

上述代码 4-17 的主要功能如下。

第 6 行，获得网格单元 Units[i] 所有的属性及其对应的属性值。

第 7 ~ 15 行，遍历输出所有的属性及属性值。

2. GetUnitKVs(UnitNo,Key) 获取多个属性值

当某一属性可能对应多个属性值时，调用 GetUnitKVs（UnitNo,Key）获取某一属性可能对应的所有属性值。例如，上述示例中的"王"同时具有"Type=Char"和"Type=Word"的属性，可通过 GetUnitKVs（UnitNo，key）获取该属性的所有属性值，示例代码如下。

代码 4-18

```
1   AddStructure([[{"Type":"Word",
2    "Units": ["那","位","王","阿姨","在","超市","买","了","很",
    "多","菜"],
3    "POS":["r","q","nr","n","p","n","v","u","d","a","n"]}]],
    "SegPOS")
4   Units=GetUnits("POS=nr")
5   for i=1,#Units do
6       Vs=GetUnitKVs(Units[i], "Type")
7       for i=1,#Vs do
8           print(Vs[i])
9       end
10  end
```

上述代码 4-18 的运行结果如下。

```
Char
Word
```

上述代码 4-18 的主要功能如下。

第 6 行，通过 GetUnitKVs 取得网格单元 Type 属性的所有的属性值。

3. GetUnitKV (UnitNo,Key) 获取单一属性值

当网格单元的某些属性只有一个属性值时，通过 GetUnitKV (UnitNo,Key) 获取某一属性对应的一个属性值，例如，网格单元的起始列编号可以通过 GetUnitKV(UnitNo，From) 取得该属性值。返回值的类型根据属性值的不同自动调整，当属性值为数字时，返回值为整数型，否则为字符串类型，示例代码如下。

代码 4-19

```
1   AddStructure([[{"Type":"Word",
2    "Units": ["那","位","王","阿姨","在","超市","买","了","很",
    "多","菜"],
3    "POS":["r","q","nr","n","p","n","v","u","d","a","n"]}]],
    "SegPOS")
4   Units=GetUnits("POS=nr")
5   for i=1,#Units do
6       From = GetUnitKV(Units[i], "From")
7       To = GetUnitKV(Units[i], "To")
8       print(From, To)
9   end
```

上述代码 4-19 的运行结果如下。

```
2 2
```

上述代码 4-19 的主要功能如下。

第 6 ～ 7 行，分别表示取得网格单元的起始列和终止列编号。

4.3.3　测试网格单元属性

通过 IsUnit(Unit，KV) 判断当前网格单元是否具有某一属性 KV，示例代码如下。

代码 4-20

```
1    local function Exam()
2       Line=[[
3         {"Type":"Chunk","Units":["瑞士球员塞费罗维奇","率先","破门",
    ",","沙奇里","梅开二度","。"],"POS":["NP","VP","VP","w","NP",
    "VP","w"],"Groups":[{"HeadID":1,"Group":[{"Role":"sbj","SubID":
    0}]},{"HeadID":2,"Group":[{"Role":"sbj","SubID":0}]},{"HeadID":
    5,"Group":[{"Role":"sbj","SubID":4}]}],"ST":"dep"}
4       ]]
5       AddStructure(Line)
6
7       Line=[[{"Type":"Word","Units":["瑞士","球员","塞费罗维奇",
    "率先","破门",",","沙奇里","梅开二度","。"],"POS":["ns","n","nr",
    "d","v","w","nr","i","w"],"ST":"segment"}]]
8       AddStructure(Line)
9
10      GridInfo=GetGrid()
11      for i,Col in pairs(GridInfo) do
12         for j,Unit in  pairs(Col) do
13            if IsUnit(Unit,"Type=Word&To=UChunk") then
14               print("Type=Word&To=UChunk",GetText(Unit))
15            end
16
17            if IsUnit(Unit,"Type=Word&From=UChunk&To=
    UChunk") then
18               print("Type=Word&From=UChunk&To=UChunk",
    GetText(Unit))
19            end
20
21            if IsUnit(Unit,"RHead=sbj") then
22               print("RHead=sbj",GetText(Unit))
```

```
23              end
24
25              if IsUnit(Unit,"Type=Word&ULeftChar:Char=HZ")
    then
26                   print("Type=Word&ULeftChar:Char=HZ",GetText
    (Unit))
27              end
28
29         end
30     end
31
32 end
33
34 Exam()
```

上述代码 4-20 的运行结果如下。

```
Type=Word&ULeftChar:Char=HZ 瑞士
Type=Word&ULeftChar:Char=HZ 球员
RHead=sbj      瑞士球员塞费罗维奇
Type=Word&To=UChunk 塞费罗维奇
Type=Word&ULeftChar:Char=HZ 塞费罗维奇
Type=Word&To=UChunk 率先
Type=Word&From=UChunk&To=UChunk 率先
Type=Word&ULeftChar:Char=HZ 率先
Type=Word&To=UChunk 破门
Type=Word&From=UChunk&To=UChunk 破门
Type=Word&ULeftChar:Char=HZ 破门
Type=Word&To=UChunk ，
Type=Word&From=UChunk&To=UChunk ，
Type=Word&To=UChunk 沙奇里
Type=Word&From=UChunk&To=UChunk 沙奇里
RHead=sbj      沙奇里
Type=Word&ULeftChar:Char=HZ 沙奇里
Type=Word&To=UChunk 梅开二度
Type=Word&From=UChunk&To=UChunk 梅开二度
Type=Word&ULeftChar:Char=HZ 梅开二度
Type=Word&To=UChunk 。
Type=Word&From=UChunk&To=UChunk。
```

上述代码 4-20 的主要功能如下。

第 2 ~ 8 行，将带有依存结构信息和分词词性信息的数据导入网格中。

第 10 ~ 30 行，通过 GetGrid 获得所有网格单元，通过遍历判断网格单元是否具有某一属性，如果具有该属性，则输出网格单元对应的字符串。

第 13 行，判断当前网格单元是否为组块的最右侧的词单元。

第 17 行，判断当前网格单元是否同时为词单元和组块单元。

第 21 行，判断当前网格单元是否为充当主语的单元。

第 25 行，判断当前网格单元是否为最左侧字符为汉字的词单元。

4.4　网格单元关系计算

语言单元和语言单元之间的关系构成了语言结构的主体。在 GPF 中，语言单元对应网格单元，语言单元之间的关系对应网格单元之间的关系。网格单元之间的关系计算包括增加网格单元关系、增加关系属性、判断关系属性等。

4.4.1　增加网格单元关系

增加网格单元关系的示例代码如下。

代码 4-21

```
1   AddStructure([[{"Type":"Word",
2   "Units": ["那","位","王","阿姨","没有","买","到","菜"],
3   "POS": ["r","q","nr","n","d","v","v","n"]}]],"SegPOS")
4   Units = GetUnits("POS=v")
5   for i=1,#Units do
6       ULefts = GetUnitKVs(Units[i],"ULeftNear")
7       for j=1,#ULefts do
8           if IsUnit(ULefts[j],"POS=d")then
9               AddRelation(Units[i],ULefts[j], "mod")
10              print(GetText(Units[i]),GetText(ULefts[j]),"mod")
11          end
12      end
13  end
```

上述代码 4-21 的运行结果如下。

买　没有　　mod

上述代码 4-21 的主要功能如下。

第 9 行，表示为二元关系中的核心单元（ Units[i] ）和修饰单元（ ULefts[j] ）增加修饰关系 "mod"，且其关系来源默认为 "Dyn"。

4.4.2 增加关系属性

通过 API 函数 AddRelationKV 为网格单元间的关系增加属性信息，示例代码如下。

代码 4-22

```
1    local function Exam()
2        Line=[[
3        {"Words":["瑞士","率先","破门",", ","沙奇里","梅开二度","。"],
4        "Relations": [{"U1": 3, "U2":1,"R":"A0"},
5        {"U1": 3, "U2":2,"R":"Mod"},
6        {"U1": 6, "U2":5,"R":"A0"}]}
7        ]]
8        Info=cjson.decode(GB2UTF8(Line))
9        Sentence=table.concat(Info["Words"],"")
10       SetText(UTF82GB(Sentence))
11       print(GetText())
12       Col=0
13       Units={}
14       for i=1,#Info["Words"] do
15           Col=Col+string.len(UTF82GB(Info["Words"][i]))/2
16           Unit=AddUnit(Col-1,UTF82GB(Info["Words"][i]))
17           table.insert(Units,Unit)
18       end
19
20       for i=1,#Info["Relations"] do
21           U1=Units[Info["Relations"][i]["U1"]]
22           U2=Units[Info["Relations"][i]["U2"]]
23           R=Info["Relations"][i]["R"]
24           AddRelation(U1,U2,R)
25           AddRelationKV(U1,U2,R,"R",R)
26       end
27
28       Relations=GetRelations()
29       for i,R in pairs(Relations) do
30           Relation=GetText(R["U1"]).." ".."GetText(R["U2"]).."("..
     R["R"]..")"
31           KVs=GetRelationKVs(R["U1"],R["U2"],R["R"])
32           Info=""
33           for k,Vs in pairs(KVs) do
34               Val=table.concat(Vs," ")
35               if #Vs > 1 then
```

```
36                    Info=Info..k.."=["..Val.."] "
37             else
38                    Info=Info..k.."="..Val.." "
39             end
40         end
41         print("=>"..Relation)
42         if Info ~= "" then
43             print("KV:"..Info)
44         end
45     end
46 end
47 Exam()
```

上述代码 4-22 的运行结果如下。

```
=>破门 瑞士(A0)
KV:ST=Dyn R=A0
=>破门 率先(Mod)
KV:ST=Dyn R=Mod
=>梅开二度 沙奇里(A0)
KV:ST=Dyn R=A0
```

上述代码 4-22 的主要功能如下。

第 2 ～ 18 行，将不符合 GPF 预定义 JSON 格式的数据进行格式转换，并进行网格初始化。

第 20 ～ 26 行，将原始数据中的语言单元关系和关系属性信息增加到网格单元中。

其中，第 25 行为网格单元 U1、U2 的关系 R 添加 Key 为 "R"、值为关系 R 的属性信息。

第 28 ～ 40 行，获得并输出所有网格单元关系及关系属性。

4.4.3　判断关系属性

通过 API 函数 IsRelation 判断两个网格单元之间是否存在某一关系，或者判断两个单元之间的某种关系是否满足属性 KV，示例代码如下。

代码 4-23

```
1   local function Exam0()
2       Line=[[
```

```
3          {"Type":"Chunk","Units":["瑞士球员塞费罗维奇","率先","破门",
    "，","沙奇里","梅开二度","。"],"POS":["NP","VP","VP","w","NP",
    "VP","w"],"Groups":[{"HeadID":1,"Group":[{"Role":"sbj","SubID":
    0}]},{"HeadID":2,"Group":[{"Role":"sbj","SubID":0}]},{"HeadID":
    5,"Group":[{"Role":"sbj","SubID":4}]}],"ST":"dep"}
4      ]]
5      AddStructure(Line)
6      Line=[[{"Type":"Word","Units":["瑞士","球员","塞费罗维奇",
    "率先","破门","，","沙奇里","梅开二度","。"],"POS":["ns","n","nr",
    "d","v","w","nr","i","w"],"ST":"segment"}]]
7      AddStructure(Line)
8      Relate("GramTab")
9      Relations=GetRelations()
10     for i,R in pairs(Relations) do
11         if IsRelation(R["U1"],R["U2"],R["R"],"ST=dep") then
12             Relation=GetText(R["U1"]).." "..GetText(R["U2"]).."("..
    R["R"]..")"
13             print(Relation,"ST=dep")
14         end
15         if IsRelation(R["U1"],R["U2"],R["R"],"ST=Gram_Tab") then
16             Relation=GetText(R["U1"]).." "..GetText(R["U2"]).."("..
    R["R"]..")"
17             print(Relation,"ST=Gram_Tab")
18         end
19     end
20  end
21
22  Exam0()
```

上述代码 4-23 的运行结果如下。

```
率先 瑞士球员塞费罗维奇(sbj) ST=dep
破门 瑞士球员塞费罗维奇(sbj) ST=dep
梅开二度 沙奇里(sbj) ST=dep
破门 塞费罗维奇(SBJ) ST=Gram_Tab
```

上述代码 4-23 的主要功能如下。

第 2 ~ 7 行，通过 AddStructure 将带有依存关系和分词词性信息的数据导入网格。

第 8 行，通过 Relate 和数据表 Gram_Tab 为网格单元构建关系。

第 9 ~ 20 行，获得所有网格单元关系并对关系属性进行判断。

第 11 行，判断当前网格单元关系的来源是否为"Dep"，即该关系通过依存结构添加。

第 15 行，判断当前网格单元关系的来源是否为"Gram_Tab"，即该关系通过数据表添加。

第 5 章
GPF 数据表

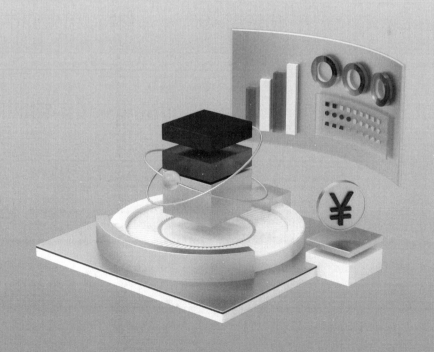

语言结构计算就是将语言符号序列映射到概念结构的过程，即从语言的表层结构出发，分析构建语言的深层结构。语言的深层结构在构建的过程中，需要用到语法知识、语义知识和语用知识，利用这些知识来识别语言单元、建立语言单元间关系，并为语言单元和关系注入属性。

　　按照知识形态，知识可以分为显式知识和隐式知识。其中，显式知识包括一元知识和二元知识。一元知识是描述型知识，用来描述语言单元的属性，例如，词的拼音、词性、译文等信息；二元知识是关系型知识，用来描述语言单元之间的关系类型。

　　GPF 使用数据表封装一元知识和二元知识，在语言结构计算时，为构建网格单元、建立关系、设置属性等提供重要信息源。一元知识示例如图 5-1 所示，二元知识示例如图 5-2 所示。

词条	词性	翻译	……	拼音
W_1	V_{11}	V_{12}		V_{1n}
W_2		……		V_{2n}
……		……		
W_m	V_{m1}	V_{m2}		V_{mn}

图 5-1　一元知识示例

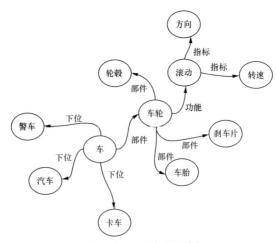

图 5-2　二元知识示例

5.1　概述

5.1.1　格式定义

GPF 包含一个或者多个数据表，存放在一个或者多个文件中，数据表的格式定义如下。

数据表 5-1

```
1    Table TableName
2    #Global {K=V} Limit=[{KV}]
3    Word {K=V} Limit=[{KV}]
4    KV {K=V} Limit=[{KV}]
```

5.1.2　术语与定义

定义 1：数据表（Table）。封装知识的数据结构，形如数据表 5-1。数据表具有全局唯一的名称（数据表名，简称"表名"），形如数据表 5-1 的第 1 行，"Table"为关键字，"TableName"为表名。数据表 5-1 的第 2 ~ 4 行为数据表的内容。

定义 2：数据项 (Item)。数据表中的条目，条目之间彼此独立。数据项有两种类型：第一种是实例型（Word），形如数据表 5-1 的第 3 行，一般是语言单元；第二种是属性型（KV），形如数据表 5-1 的第 4 行，为键值表达式的形式，属性型专门用于网格计算，其功能是筛选符合该键值表达式的网格单元。

定义 3：数据项属性（Attribute）。描述数据项对应的语言单元或网格单元的属性，用"键值对"{K=V} 形式表示，形如数据表 5-1 的第 2 ~ 4 行。

定义 4：数据项条件（Condition）。在网格计算时，如果要把该数据项添加到网格或者把数据项属性加入网格单元中，需要满足的上下文条件，即为数据项条件，用键值表达式 {KV} 表示，形如数据表 5-1 的第 2 ~ 4 行 Limit=[{KV}]。"Limit"为保留字，"[]"中可以写一个或多个键值表达式。

定义 5：主表（Head Table）。数据表可以存放关系型数据（知识），两个语言单元之间的关系分为被依存项和依存项，其中，存放所有被依存项的数据表为主表。在网格计算时，主表数据项后面的属性信息被加入网格单元中。

定义 6：从表（Sub Table）。存放依存项的数据表为从表。需要说明的是，从表不单独使用。在网格计算时，从表中数据项后面的属性信息被加入网格单元间关系属性中。

定义 7：数据表索引。数据表有两种状态：一种是面向人，是可编辑的文本数据；另一种是面向机器，针对数据项和数据项的"键值对"建立的索引。

定义 8：数据项全局属性。数据项全局属性形如数据表 5–1 的第 2 行。"#Global"为保留字，后接"键值对"或以 Limit 引出的键值表达式。该条目为可选项，如果存在，则表示后面的内容为该数据表所有数据项共享。

例如，使用数据表存储"喝"后接宾语搭配列表，示例数据表如下。

数据表 5–2

```
1  Table A1_喝
2  #Global Limit=[To=UChunk]
3  茶
4  饮料
5  可乐
6  汽水
```

数据表 5–2 的具体说明如下。

第 1 行，表名为 "A1_ 喝 "。

第 2 行，相当于数据表 5–2 中每个词条下，都有 "Limit=[To=UChunk]" 的限制条件，表示数据表 5–2 中每个词条都是一个组块的结尾部分。

在上述格式中，数据表 5–2 的数据项（包括 Word 和 KV 形式）不允许出现空格，当有此需求时，可以采用下述格式书写数据表，示例数据表如下。

数据表 5–3

```
1  Table TableName
2  #Global {K=V}
3  Item:Word1 Word2
4  K=(w1 w2 w3)
5  K=V
```

数据表 5–3 的具体说明如下。

第 1 行，Table 为保留字，TableName 是数据表 5–3 的名称，具有全局唯一性，写在第一行的保留字"Table"之后，在应用时，使用数据表 5–3 名称引用该数据表。

第 2 行,"#Global"为保留字,后接"键值对"。该条目为可选项,如果存在,则表示后面的内容为该数据表所有条目共享。

第 3 ~ 5 行,数据项为带有空格的字符串的用法示意。其中,Item 是保留字,Word1 Word2 为数据项,K=(w1 w2 w3) 为带有空格的值的"键值对"。

例如,使用数据表存储汉语教学中用到的句子和词语的信息,示例数据表如下。

数据表 5-4

```
1    Table Teaching Material
2    Item:我们 大家 都 喜欢 苹果 。
3    SentLevel=1
4
5    Item:大家
6    Examp=(我们 大家 都 喜欢)
7    Examp=(我们 大家 都 好)
```

数据表 5-4 的具体说明如下。

第 1 行,表名为"TeachingMaterial"。

第 2 行,描述了句子"我们大家都喜欢苹果。"的信息。

第 3 行,"SentLevel=1"表示该句子的难度等级为 1。

第 5 ~ 7 行,描述了词语"大家"的相关信息。其中,第 6 行、第 7 行为该词语的两个例句。

5.2 数据表类型

GPF 中设计了多个数据表封装结构分析时所需的知识,不同数据表的功能不同,但它们的结构形式是统一的。在 GPF 中,语言结构计算是指确定语言单元、建立语言单元之间的关系,并为语言单元和建立语言单元之间的关系注入属性信息。因此,计算时所需的知识也要围绕这一目标构建。与此对应,数据表被分为两类:一类是类似词典的描述型数据表;另一类是为了方便构建两个语言单元之间关系的关系型数据表。

5.2.1 描述型数据表

描述型数据表描述的对象是一个个独立的语言单元,给出语言单元的形式、语言单元的属性等知识。这些知识主要用于确定语言单元、设置语言单元属性。语言单元的属性知识包括如下内容。

- 语言单元基本信息，具体包括拼音、翻译等。

- 内部语法结构信息，具体包括内部构词类型等。

- 外部语法功能信息，具体包括词性、短语性质、句法标签等。

- 语义类型信息，具体包括所属语义类标签等，在 GPF 中用 S 型表示语义类标签等。

- 语义场信息，具体包括同义词、反义词、下位词、上位词、缩略表达等。

- 语义角色信息，具体包括主论元、边缘论元等。

- 语用信息，具体包括词频、领域、场景功能等。

描述型数据表示例如下。

数据表 5-5

```
1    Table FootballPlayer
2    #Global Cat=Entity POS=nr Tag=[Name FootballPlayer]
3    梅西 PY=mei'xi English=LionelMessi Nationality=阿根廷 Work_
     for=巴黎圣日耳曼
4    罗纳尔多 PY=luo'na'er'duo English=Ronaldo Nationality=巴西
     Work_for=科林蒂安
5
6    Table Event_All
7    #Global Cat=Event Limit=[USub=*]
8    Event_Win
9    Event_Lose
10   POS=v
11
12   Table Event_Win
13   战胜 POS=v TypeIn=VC Sem=[If21A01= Jd09B01=] Role=[A0 A1 Score]
     Field=[TeamW TeamL FinalScore] TeamW=A0 TeamL=A1 FinalScore=
     Score Syn=[击败 完胜 逆转 力克 轻取 淘汰 横扫 力压 击退 力擒]
14
15   Table Event_Lose
16   惜败 POS=v TypeIn=MV Role=[A0 Score] Field=[TeamL FinalScore]
     TeamL=A0 FinalScore=Score Syn=[负 惨败 败 小负 输 惨负 客负 憾负]
```

上述描述型数据表 5-5 的具体说明如下。

第 1～4 行，表名为 "FootballPlayer" 的数据表，数据项为足球运动员的名字，属性包括类型（Cat）、词性（POS）、标签（Tag）、拼音（PY）、英文名

（English）、国籍（Nationality）以及效力俱乐部（Work_for）。

第 6 ~ 10 行，表名为 "Event_All" 的数据表，数据项为事件词。其中，数据项 "Event_Win" 和 "Event_Lose" 是其他数据表名，表示当前数据表 "Event_All" 包含数据表 "Event_Win" 和 "Event_Lose" 中的全部数据项和属性内容。数据项 "POS=v" 是键值表达式形式，表示网格内满足 "POS=v" 为真的所有网格单元。

第 12 ~ 13 行，表名为 "Event_Win" 的数据表，数据项为具有 "胜利" 语义的事件词，属性包括词性（POS）、词内结构（TypeIn）、语义标签（Sem）、可支配的论元角色（Role）、相关场景要素（Field）、场景要素与论元角色的关系（TeamW、TeamL、FinalScore），以及同义词（Syn）。

第 15 ~ 16 行，表名为 "Event_Lose" 的数据表，数据项为具有 "失败" 语义的事件词。

数据表描述语义场信息时，经常使用穷举的方式，也可以采用数据表的方式，即把穷举列表的词条，用一个数据表封装，示例数据表如下。

数据表 5-6

```
1    Table Event_Win
2    战胜 Syn=Syn_Defeat
3
4    Table Syn_Defeat
5    战胜
6    击败
7    完胜
8    逆转
9    力克
10   轻取
11   淘汰
12   横扫
13   力压
14   击退
```

数据表 5-1 的具体说明如下。

第 1 ~ 2 行，表名为 "Event_Win" 的数据表，数据项为具有 "胜利" 语义的事件词，其中，数据项 "战胜" 的同义词属性（Syn）的属性值为数据表名，表示数据表 "Syn_Defeat" 中的数据项均为 "战胜" 的同义词。

第 4 ~ 14 行，表名为“Syn_Defeat”的数据表，数据项为“战胜”的同义词。

5.2.2 关系型数据表

关系型数据表描写的对象涉及两个语言单元：一个是中心语语言单元；另一个是与中心语语言单元具有某种关系的语言单元。与语义场不同，这里的二元关系一般是偏序关系，可以是语法上的，也可以是语义上的。关系型数据表一般用多个数据表封装二元关系，通常设计为一个主表、多个从表的形式。其中，主表存放中心语语言单元列表，从表存放与中心语语言单元形成某种关系的语言单元列表。关系型数据表示例如图 5-3 所示。

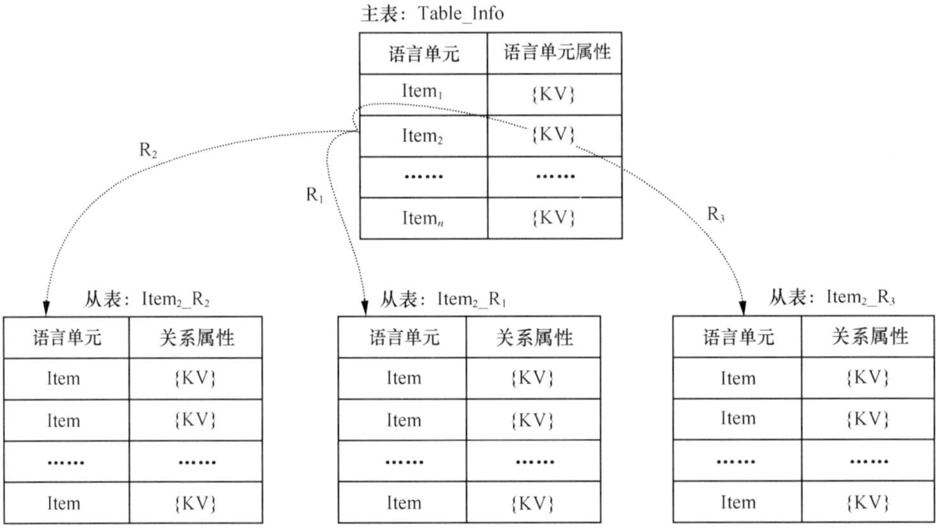

图 5-3　关系型数据表示例

在主表中，需要用属性来指明可以与当前数据项形成某种关系的从表。具体做法为：在主表的 Coll 属性中给出关系名，并通过“Coll- 关系名 =[从表名 1 从表名 2]”形式的属性指定能够与当前数据项产生特定关系的从表名。关系型数据表示例如下。

数据表 5-7

```
Table Event
战胜 Coll=[A0 A1] Coll-A0=[Tab_FootballTeam] Coll-A1=[Tab_
FootballTeam]
```

```
3
4    Table Tab_FootballTeam
5    利物浦
6    曼联
7    ......
8
```

数据表 5-7 的具体说明如下。

第 1 ~ 2 行，为关系型数据表主表，表名为 "Event"。数据项 "战胜" 的属性中，以 "Coll=[A0 A1]" 指明 "战胜" 具有 A0、A1 的关系，"Coll-A0=[Tab_FootballTeam]" 表示 "战胜" 与数据表 "Tab_FootballTeam" 中的数据项具有 "A0" 关系，"Tab_FootballTeam" 为自定义从表名。

第 4 ~ 7 行，为关系型数据表从表，表名为 "Tab_FootballTeam"，数据项为足球队伍名。

在关系型数据表中，主表中的属性信息是对主表数据项的描述；从表中的属性信息是对主表数据项与从表数据项形成的二元关系的描述。GPF 在应用关系型数据表时，主表中的属性信息全部导入网格单元的属性集合 "{K=V}" 中，从表中的属性信息全部导入网格单元之间关系的属性集合 "{K=V}" 中，示例数据表如下。

数据表 5-8

```
1    Table Event
2    战胜  POS=v Coll=[Mod] Coll-Mod=[Mod_战胜]
3
4    Table Mod_战胜
5    未能 modal=negative
6    曾 tense=past
```

数据表 5-8 的具体说明如下。

第 1 ~ 2 行，为关系型数据表主表，表中的属性均是对数据项的描述。

第 4 ~ 6 行，为关系型数据表从表，表中的属性是对与主表数据项构成的二元关系的描述。例如，"modal=negative" 是对二元关系（战胜，未能，Mod）的描述。

为了便于计算，GPF 中定义了一个 U 型 "UCollocation" 在关系型数据表从表中使用，用在 Limit 后面的键值表达式中，表示在调用 Relate 构建关系时，主表中数据项对应的网格单元。

"UCollocation" 仅在函数（Relate）使用时有效，不会在网格单元的属性中保存，对应的数据表示例如下。

数据表 5-9

```
1    Table Event
2    战胜 Coll=[A0 A1 Mod] Coll-A1=[A1_战胜]
3
4    Table A1_战胜
5    Tag=FootballTeam Limit=[GroupID=UCollocation]
```

数据表 5-9 的具体说明如下。

第 5 行，"GroupID=UCollocation" 表示从表中当前数据项对应的网格单元，与当前数据项对应的中心语单元 "战胜" 具有相同的 GroupID，即二者在同一个自足结构中。

5.3 数据表相关的 API 函数

在 GPF 中，数据表主要有两个使用场景：一是作为参数用在 GPF 的 API 函数中，包括字符串操作函数（GetPrefix 和 GetSuffix）、创建单元函数（Segment）、构建单元关系函数（Relate）、设置单元属性函数（SetLexicon）、数据表测试函数（IsTable）、数据项获取函数（GetTableItems）以及数据项属性获取函数（GetTableItemKVs）；二是用在 "键值对" 或键值表达式中，出现在 "键值对" 中时，一般用在数据表中描述单元的属性，例如，词汇语义场中的同义反义信息等；用在键值表达式中，起到属性测试的功能，例如，在有限状态自动机的 Context 中有可能出现 "Word=TableName"，表示判断当前单元是否在 "TableName" 中出现。接下来，本节将介绍与数据表使用相关的 API 函数。

5.3.1 字符串操作（GetPrefix 和 GetSuffix）

数据表进行字符串操作主要有两个场景：一是以键值表达式的方式对网格单元中的字符串进行测试；二是以 API 函数的方式对网格中的字符串进行测试。

数据表可用来测试单元的字符串、前后缀的情况。数据表在键值表达式中的用法主要有以下几种，语法描述如下。

```
Word=TableName
Prefix=TableName
Suffix=TableName
Str= TableName
```

以 API 函数的形式使用数据表，主要涉及函数 GetPrefix 和 GetSuffix。其算法原理和应用示例介绍如下。

1. 算法原理

上述两个函数原型定义如下。

```
Str=GetPrefix(TableName,Str)
Str=GetSuffix(TableName,Str)
```

GetPrefix 判断字符串是否以数据表中的某一数据项为前缀串，如果有，则返回最长匹配串。GetPrefix 算法原理如图 5-4 所示。

GetSuffix 判断字符串是否以数据表中的某一数据项为后缀串，如果有，则返回最长匹配串。GetSuffix 算法原理如图 5-5 所示。

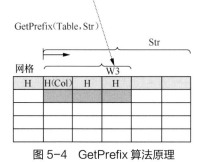

图 5-4　GetPrefix 算法原理

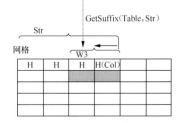

图 5-5　GetSuffix 算法原理

2. 应用示例

（1）GetPrefix

应用 GetPrefix 判断字符串是否以数据表中的数据项为前缀，示例数据表如下。

数据表 5-10

```
1   Table Tab_Prefix
2   老
3   阿
4   第
5   初
6   小
7   可
```

示例代码如下。

代码 5-1

```
1   AddStructure([[{"Type":"Word","Units":["小刘","和","老刘","拿",
    "了","第一名","。"]}]], "Seg")
2   Units = GetUnits("Type=Word")
3   for i=1,#Units do
4           Word = GetText(Units[i])
5           Prefix = GetPrefix("Tab_Prefix", Word)
6           If Prefix ~= "" then
7                   print(GetText(Units[i]),Prefix)
8           end
9   end
```

代码 5-1 的运行结果如下。

```
小刘  小
老刘  老
第一名  第
```

代码 5-1 的主要功能如下。

第 1 行，将分词结构导入网格中。

第 2 ~ 3 行，取得网格中的词单元并进行遍历。

第 4 ~ 5 行，表示对当前网格单元的字符串进行测试，判断该字符串是否以数据表 "Tab_Prefix" 中的某一数据项为前缀。例如，当遍历到 "(4,2)- 老刘"时，即对字符串 "老刘"进行测试，返回值为 "老"。

（2）GetSuffix

应用 GetSuffix 判断字符串是否以数据表中的数据项为后缀，示例数据表如下。

数据表 5-11

```
1   Table Tab_Suffix
```

```
2    子
3    头
4    儿
5    者
6    巴
7    然
8    性
9    家
10   员
```

示例代码如下。

代码 5-2

```
1    AddStructure([[{"Type":"Word","Units":["收银员","和","科学家",
     "都","有","光明","的","未来","。"]}]], "Seg")
2    Units = GetUnits("Type=Word")
3    for i=1,#Units do
4              Word = GetText(Units[i])
5              Suffix = GetSuffix("Tab_Suffix", Word)
6              if Suffix ~= "" then
7                      print(GetText(Units[i]),Suffix)
8              end
9    end
```

代码 5-2 的运行结果如下。

```
收银员 员
科学家 家
```

代码 5-2 的主要功能如下。

第 1 行，将分词结构导入网格中。

第 2 ~ 3 行，取得网格中的词单元并进行遍历。

第 4 ~ 5 行，表示对当前网格单元的字符串进行测试，判断该字符串是否以数据表中的某一数据项为后缀。例如，当遍历到"（6，2）- 科学家"时，即对字符串"科学家"进行测试，返回值为"家"。

5.3.2　创建单元（Segment）

1. 算法原理

Segment 的功能是基于数据表对网格中的文本进行分词并添加属性。其原型函数如下。

```
Units=Segment(TableName)
```

Segment 的具体功能如下。

（1）在当前的网格中，根据数据表中的数据项从左到右进行全切分。

（2）将数据表中的属性添加到对应的网格单元属性中。

（3）为每个切分出的网格单元添加"Type"和"ST"属性，"Type"的值为"Word"，"ST"的值为 TableName。Segment 算法原理如图 5-6 所示。

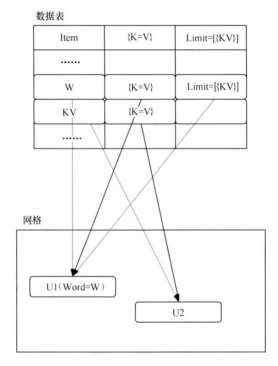

图 5-6　Segment 算法原理

Segment 的示例代码如下。需要注意的是，该代码为功能描述性代码，无法直接运行。

代码 5-3

```
1    function Segment(TableName)
2        Units={}
3        GridInfo=GetGrid()
4        for i=1,#GridInfo do
5            Str = GetPrefix(TableName, GetText(i,#GridInfo))
```

```
6              if Str ~="" then
7                  Unit=AddUnit(i,Str)
8                  f,t = GetFromTo(Str)
9                  i = t+1
10             else
11                 Str=GetText(i, i+1)
12                 Unit=AddUnit(i+1, Str)
13                 i = i+2
14             end
15             table.insert(Units,Unit)
16             AddUnitKV(Unit,"ST",TableName)
17             AddUnitKV(Unit,"Type","Word")
18             KVs=GetTableItemKVs(TableName,Str)
19             for j=1,#KVs do
20                 AddUnitKV(Unit,KVs[j])
21             end
22         end
23     return Units
24 end
```

2. 应用示例

数据表名为 "Tab_Lexicon"，Segment 的数据表示例如下。

数据表 5-12

```
1   Table Tab_Lexicon
2   #Global Limit=[ClauseID=0]
3   我  POS=r
4   小学  POS=ns
5   辛苦  POS=a
```

Segment 的应用示例代码如下。

代码 5-4

```
1   AddStructure([[{"Type":"Chunk","Units":["我","从小","学",
    "钢琴",", ","很","辛苦","。"],"POS":["NP-SBJ","NULL-MOD",
    "VP-PRD","NP-OBJ","w","NULL-MOD","VP-PRD","w"]}]],"Chunk")
2   Units=Segment("Tab_Lexicon")
3   for i=1,#Units do
4       print("=>",GetText(Units[i]))
5       KV=GetUnitKVs(Units[i])
6       for Key,Vs in pairs(KV) do
7           Val=table.concat(Vs," ")
8           print(Key,"=",Val)
```

```
9       end
10  end
```

代码 5-4 的运行结果如下。

```
=> 我
Limit       =       ClauseID=0
Word        =       我
UChunk      =       (0,1)
ST =        Chunk Tab_Lexicon
Type        =       Char Chunk Word
ClauseID =          0
UThis       =       (0,1)
ChunkID     =       0
POS         =       NP-SBJ r
From        =       0
HeadWord =          我
Char        =       HZ
To =        0
```

代码 5-4 的主要功能介绍如下。

第 1 行，将组块结构导入网格中。

第 2 行，通过数据表 "Tab_Lexicon" 对当前网格中的内容进行分词。在当前网格中，"小学" 跨越了 "从小" 和 "学" 两个组块单元，"辛苦" 的 ClauseID 为 1，由于不满足导入限制条件，所以都不会被切分出来。

5.3.3 构建关系（Relate）

1. 算法原理

用 Relate 函数可以将关系型数据表导入网格，数据表中的数据项对应网格单元，主表中的数据项和从表数据项形成的关系对应网格中的单元关系。

Relate 的原型函数如下。

```
Relate(TableName)
```

Relate 的功能是通过对主表名的调用，实现关系类型数据表的导入。Relate 算法原理如图 5-7 所示。

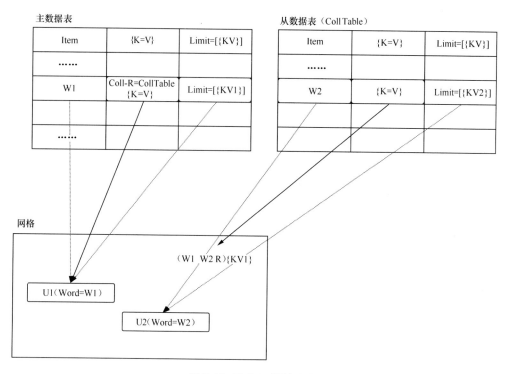

图 5-7　Relate 算法原理

Relate 的示例代码如下。

代码 5-5

```
1    local function IsUnitOK(Unit,Limits,UnitHead)
2        for i,Limit in pairs(Limits) do
3            Limit=string.gsub(Limit,"UCollocation",UnitHead)
4            if IsUnit(Unit,Limit) then
5                return true
6            end
7        end
8        return false
9    end
10
11   local function AddKV2Unit(Unit,KVs,ST)
12       for K,Vs in pairs(KVs) do
13           for k=1,#Vs do
14               AddUnitKV(Unit,K,Vs[k])
15           end
16       end
17       AddUnitKV(Unit,"ST",ST)
18       AddGridKV("ST-Unit",ST)
```

```lua
19     end
20
21
22  function SegmentLua(TableName)
23      Units={}
24      GridInfo=GetGrid()
25      for i=1,#GridInfo do
26          Str = GetPrefix(TableName, GetText(i,#GridInfo))
27          if Str ~="" then
28              Unit=AddUnit(i,Str)
29              f,t = GetFromTo(Str)
30              i = t+1
31          else
32              Str=GetText(i, i+1)
33              Unit=AddUnit(i+1, Str)
34              i = i+2
35          end
36          table.insert(Units,Unit)
37          AddUnitKV(Unit,"Type","Word")
38      end
39      return Units
40  end
41
42
43  local function MatchUnitHead(TabName,UnitRet)
44      ItemList=GetTableItems(TabName)
45      for i=1,#ItemList do
46          if string.gmatch(ItemList[i], "=") then
47              UnitKV=GetUnits(ItemList[i])
48              Limits=GetTableItemKVs(TabName,ItemList[i],
    "Limit")
49              if #Limits > 0 then
50                  for j=1,#UnitKV do
51                      if IsUnitOK(UnitKV[j],Limits) then
52                          KVs=GetTableItemKVs(TabName,
    ItemList[i])
53                          AddKV2Unit(UnitKV[j],KVs,TabName)
54                          table.insert(UnitRet,UnitKV[j])
55                      end
56                  end
57              else
58                  KVs=GetTableItemKVs(TabName,ItemList[i])
59                  for j=1,#UnitKV do
60                      AddKV2Unit(UnitKV[j],KVs,TabName)
```

```
61                          table.insert(UnitRet,UnitKV[j])
62                      end
63                  end
64              end
65          end
66
67      UnitWord=SegmentLua(TabName)
68      for i=1,#UnitWord do
69          KVs=GetTableItemKVs(TabName,GetText(UnitWord[i]))
70          Limits=GetTableItemKVs(TabName,GetText(UnitWord[i]),
    "Limit")
71          if #Limits > 0 then
72              if IsUnitOK(UnitWord[i],Limits,"") then
73                  AddKV2Unit(UnitWord[i],KVs,TabName)
74                  table.insert(UnitRet,UnitWord[i])
75              end
76          else
77              AddKV2Unit(UnitWord[i],KVs,TabName)
78              table.insert(UnitRet,UnitWord[i])
79          end
80      end
81  end
82
83
84
85  function AddRelation2Unit(UnitHead,UnitSub,Role,KVs,ST)
86      AddRelation(UnitHead,UnitSub,Role)
87      if KVs ~= nil then
88          for K,Vs in pairs(KVs) do
89              for k=1,#Vs do
90                  AddRelationKV(UnitHead,UnitSub,Role,K,
    Vs[k])
91              end
92          end
93      end
94      AddRelationKV(UnitHead,UnitSub,Role,"ST",ST)
95      AddGridKV("ST-Relation",ST)
96
97      AddGridKV("URoot",UnitHead)
98      AddGridKV("URoot"..ST,UnitHead)
99
100     AddGridKV("RRoot",Role)
101     AddGridKV("RRoot"..ST,Role)
102
```

```
103         AddUnitKV(UnitHead,"USub",UnitSub)
104         AddUnitKV(UnitHead,"USub"..ST,UnitSub)
105
106         AddUnitKV(UnitHead,"USub-"..Role,UnitSub)
107         AddUnitKV(UnitHead,"USub"..ST.."-"..Role,UnitSub)
108
109         AddUnitKV(UnitSub,"UHead",UnitHead)
110         AddUnitKV(UnitSub,"UHead"..ST,UnitHead)
111
112         AddUnitKV(UnitSub,"UHead-"..Role,UnitHead)
113         AddUnitKV(UnitSub,"UHead"..ST.."-"..Role,UnitHead)
114
115         AddUnitKV(UnitHead,"RSub",Role)
116         AddUnitKV(UnitHead,"RSub"..ST,Role)
117
118         AddUnitKV(UnitSub,"RHead",Role)
119         AddUnitKV(UnitSub,"RHead"..ST,Role)
120
121         AddUnitKV(UnitSub,UnitHead,Role)
122     end
123
124     function MatchUnitSub(TabName,UnitHead,Role,ST)
125         ItemList=GetTableItems(TabName)
126         for i=1,#ItemList do
127             if string.gmatch(ItemList[i], "=") then
128                 KVExpress=string.gsub(ItemList[i],"UCollocation",
    UnitHead)
129                 UnitKV=GetUnits(KVExpress)
130                 Limits=GetTableItemKVs(TabName,ItemList[i],
    "Limit")
131                 if #Limits > 0 then
132                     for j=1,#UnitKV do
133                         if IsUnitOK(UnitKV[j],Limits) then
134                             KVs=GetTableItemKVs(TabName,ItemList
    [i])
135                             AddRelation2Unit(UnitHead,UnitKV[j],
    Role,KVs,ST)
136                         end
137                     end
138                 else
139                     KVs=GetTableItemKVs(TabName,ItemList[i])
140                     for j=1,#UnitKV do
141                         AddRelation2Unit(UnitHead,UnitKV[j],Role,
    KVs,ST)
```

```
142                     end
143                 end
144             end
145         end
146
147     UnitWord=SegmentLua(TabName)
148     for i=1,#UnitWord do
149         Limits=GetTableItemKVs(TabName,GetText(UnitWord[i]),
    "Limit")
150         if #Limits > 0 then
151             if IsUnitOK(UnitWord[i],Limits,UnitHead) then
152                 KVs=GetTableItemKVs(TabName,GetText(UnitWord
    [i]))
153                 AddRelation2Unit(UnitHead,UnitWord[i],Role,
    KVs,ST)
154             end
155         else
156             KVs=GetTableItemKVs(TabName,GetText(UnitWord
    [i]))
157             AddRelation2Unit(UnitHead,UnitWord[i],Role,KVs,
    ST)
158         end
159     end
160 end
161
162
163 local function RelateLua(MainTab)
164     UnitMain={}
165     MatchUnitHead(MainTab,UnitMain)
166     for i=1,#UnitMain do
167         Roles=GetUnitKVs(UnitMain[i],"Coll")
168         for j=1,#Roles do
169             CollTab=GetUnitKVs(UnitMain[i],"Coll-"..Roles
    [j])
170             if IsTable(Roles[j].."_"..GetText(UnitMain
    [i])) then
171                 table.insert(CollTab,Roles[j].."_"..GetText(Unit
    Main[i]))
172             end
173             for k=1,#CollTab do
174                 MatchUnitSub(CollTab[k],UnitMain[i],Roles[j],
    MainTab)
175             end
176         end
```

```
177        end
178  end
```

代码 5-5 的主要功能介绍如下。

第 165 行，通过 MatchUnitHead 将满足 Limit 条件的主表数据项及其属性导入网格；并为网格添加"ST-Unit"属性，其值为 MainTab。

第 166 ~ 172 行，通过 Coll 属性取得主表数据项对应的所有从表。

第 173 ~ 175 行，通过 MatchUnitSub 将满足 Limit 条件的从表数据项添加到网格中；将网格单元关系、U 型属性、R 型属性添加到网格单元中；将从表数据项的属性添加到网格单元关系的属性中，为网格添加"URoot"等属性。

2. 应用示例

本小节将结合网格的变化对 Relate 的应用进行解释。Relate 的示例数据表如下。

数据表 5-13

```
1   Table Main_Event
2   坐镇 Tag=Event Coll=[A0 A1 Time] Coll-A0=[Arg_Team] Coll-
    Time=[Time_Gen] Coll-A1=[A1_坐镇]
3
4   Table Arg_Team
5   勇士
6
7   Table A1_坐镇
8   主场 Weight=20 Limit=[ULeft=UCollocation]
9   球场 Weight=10
10
11  Table Time_Gen
12  Tag=Time
13  今天
14  明天
15  昨天
```

Relate 的示例代码如下。

代码 5-6

```
1   require("module")
2
3   SetText("勇士今天坐镇主场迎战开拓者")
4   Relate("Main_Event")
5   module.PrintUnit()
6   module.PrintRelation()
```

```
7    Roots=GetGridKVs("URoot")
8    for i=1,#Roots do
9        print("URoot=", Roots[i], GetText(Roots[i]))
10   end
```

代码 5-6 的运行结果如下。

```
=>Word=勇士
UThis=(1,2)
UHeadMain_Event-A0=(5,2)
UHeadMain_Event=(5,2)
UHead-A0=(5,2)
UHead=(5,2)
Type=Word
To=1
ST=Main_Event
RHeadMain_Event=A0
RHead=A0
HeadWord=勇士
From=0
ClauseID=0
(5,2)=A0

=>Word=今天
UThis=(3,2)
UHeadMain_Event-Time=(5,2)
UHeadMain_Event=(5,2)
UHead-Time=(5,2)
UHead=(5,2)
Type=Word
To=3
ST=Main_Event
RHeadMain_Event=Time
RHead=Time
HeadWord=今天
From=2
ClauseID=0
(5,2)=Time

=>Word=坐镇
UThis=(5,2)
USubMain_Event-Time=(3,2)
USubMain_Event-A1=(7,2)
USubMain_Event-A0=(1,2)
```

```
USubMain_Event=[(1,2) (7,2) (3,2)]
USub-Time=(3,2)
USub-A1=(7,2)
USub-A0=(1,2)
USub=[(1,2) (7,2) (3,2)]
Type=Word
To=5
Tag=Event
ST=Main_Event
RSubMain_Event=[A0 A1 Time]
RSub=[A0 A1 Time]
HeadWord=坐镇
From=4
Coll-Time=Time_Gen
Coll-A1=A1_坐镇
Coll-A0=Arg_Team
Coll=[A0 A1 Time]
ClauseID=0

=>Word=主场
UThis=(7,2)
UHeadMain_Event-A1=(5,2)
UHeadMain_Event=(5,2)
UHead-A1=(5,2)
UHead=(5,2)
Type=Word
To=7
ST=Main_Event
RHeadMain_Event=A1
RHead=A1
HeadWord=主场
From=6
ClauseID=0
(5,2)=A1

=>坐镇 勇士(A0)
KV:ST=[Main_Event Main_Event]
=>坐镇 主场(A1)
KV:Limit=ULeft=UCollocation ST=[Main_Event Main_Event] Weight=20
=>坐镇 今天(Time)
KV:ST=[Main_Event Main_Event]

URoot=(5,2) 坐镇
```

代码 5-6 的主要功能介绍如下。

第 4 行，运行 Relate 将以"Main_Event"为主表的关系型数据表添加到网格中，具体来说，该行代码实现的功能如下。

① 将主表"Main_Event"中所有满足 Limit 的词条添加到网格，将对应的属性添加到网格单元的属性中。

② 逐个遍历已添加的词条，通过"Coll"找到对应从表。例如，遍历到"坐镇"时，根据"Coll"定位到关系名：A0、A1、Time。再根据关系名和相关属性（Coll-A0=[Arg_Team] Coll-A1=[A1_坐镇] Coll-Time=[Time_Gen]）可以定位到从表名：Arg_Team、A1_坐镇、Time_Gen。

③ 将从表中满足从表 Limit 条件的词条添加到网格中，并为主表词条和从表词条所在网格单元添加对应的关系。例如，通过从表"A1_坐镇"可以在网格中查找到"主场"词条，便为"坐镇"和"主场"对应的网格单元添加"A1"的关系。

④ 将从表词条后的属性添加到网格单元关系的属性中。

5.3.4　提供属性（SetLexicon）

1. 算法原理

SetLexicon 的原型函数如下。

```
SetLexicon(TableName)
```

SetLexicon 的功能是将数据表中数据项的属性添加到网格单元中，为网格单元提供属性信息。SetLexicon 调用数据表后，在有新网格单元生成时，会自动查找当前网格单元内的 Word 是否在数据表中，或者该网格单元是否满足数据表内的 KV 表达式类型的数据项，如果满足，则导入属性，即把对应 SetLexicon 数据项下的 {K=V} 添加到网格单元的属性中。

GPF 中有多种方式生成新的网格单元，包括 AddStructure、Relate、Segment、AddUnit、Reduce 等，调用 SetLexicon 后，GPF 在这些函数的运行场景下会激活数据表比对功能，为网格单元添加属性。

2. 应用示例

数据表名为"Tab_Lexicon"，Setlexicon 的数据表示例如下。

数据表 5-14

```
1   Table Tab_Lexicon
2   我们 POS=r
3   开始 POS=v
4   上课 POS=v
```

Setlexicon 的应用示例代码如下。

代码 5-7

```
1   SetLexicon("Tab_Lexicon")
2   seg=[[{"Type":"Word","Units":["我们","开始","上课"]}]]
3   AddStructure(seg,"Seg")
4   Keys={"Unit","POS","Type"}
5   Units=GetUnits("Type=Word")
6   for i=1,#Units do
7       print("=>",GetText(Unit))
8       for k=1,#Keys do
9           Vs=GetUnitKVs(Unit, Keys[k])
10          Val=table.concat(Vs," ")
11          print(Keys[k],"=",Val)
12      end
13      print()
14  end
```

代码 5-7 的运行结果如下。

```
=> 我们
Unit        =       (1,2)
POS         =       r
Type        =       Word
=> 开始
Unit        =       (3,2)
POS         =       v
Type        =       Word
=> 上课
Unit        =       (5,2)
POS         =       v
Type        =       Word
```

代码 5-7 的主要功能介绍如下。

第 1 行，通过 SetLexicon 应用数据表"Tab_Lexicon"。

第 3 行，将分词结构导入网格中，得到词单元"我们""开始"和"上课"，此时，程序会自动到数据表"Tab_Lexicon"中查找并将知识项添加到网格单元属性中。

5.3.5　数据表测试函数（IsTable）

1. 函数功能

IsTable 的原型函数如下。

```
bool=IsTable(TableName) 或
bool=IsTable(TableName,Item) 或
bool=IsTable(TableName,Item,KV)
```

IsTable 的功能是对数据表进行测试，包括测试数据表 TableName 是否存在、测试数据表 TableName 中是否具有数据项 Item，以及测试数据表 TableName 中的数据项 Item 是否具有属性 KV。

2. 应用示例

本小节将结合例子对该函数进行说明。数据表名为"Tab_Test"，IsTable 的数据表示例如下。

数据表 5–15

```
1   Table Tab_Test
2   我们 POS=nr
3   开始 POS=v
4   上课 POS=v
```

IsTable 的应用示例代码如下。

代码 5–8

```
1   if IsTable("Tab_Test") then
2      print("Table 'Tab_Test' exists!")
3      if IsTable("Tab_Test", "我们") then
4          print("'我们' is in the Table 'Tab_Test'!")
5          if IsTable("Tab_Test", "我们", "POS=nr") then
6              print("'我们' in Table 'Tab_Test' has the attribute
   'POS=nr'!")
7          end
8      end
9   end
```

代码 5–8 的运行结果如下。

```
Table 'Tab_Test'  exists!
```

```
'我们' is in the Table 'Tab_Test'!
'我们' in Table 'Tab_Test' has the attribute 'POS=nr'!
```

代码 5-8 的主要功能介绍如下。

第 1 行，测试数据表"Tab_Test"是否存在，如果存在，则返回真值，继续执行后续代码。

第 3 行，测试数据表"Tab_Test"中是否存在"我们"这一数据项。

第 5 行，测试数据表"Tab_Test"中"我们"这一数据项是否具有"POS=nr"的属性。

5.3.6　数据项获取函数（GetTableItems）

1. 函数功能

GetTableItems 的原型函数如下。

```
Table=GetTableItems(TableName)或
Table=GetTableItems(TableName,KV)
```

GetTableItems 的功能是取得指定数据表中的数据项，包括取得数据表 TableName 中的全部数据项与取得数据表 TableName 中具有属性 KV 的数据项。

2. 应用示例

本小节将结合具体的示例对该函数的功能进行说明。设数据表文件中有名为"Tab_Test"的数据表，其中，数据项为中文词表，属性为该数据项对应的英文，示例数据表如下。

数据表 5-16

```
1   Table Tab_Test
2   #Global Tag=CE
3   率先 T=first_time
4   瑞士  T=Switzerland
5   球 T=ball
6   运动员 T=player
7   HeadWord=球员 T=player
```

GetTableItems 的示例代码如下。

代码 5-9

```
1   if IsTable("Tab_Test") then
2       print("Get all the items in Table 'Tab_Test'!")
```

```
3      Items=GetTableItems("Tab_Test")
4      for i=1,#Items do
5          print(Items[i])
6      end
7
8    print("Get the items in Table 'Tab_Test' that has the
     attribute 'T=player'!")
9      Items=GetTableItems("Tab_Test", "T=player")
10     for i=1,#Items do
11         print(Items[i])
12     end
13  end
```

代码 5-9 的运行结果如下。

```
Get all the items in Table 'Tab_Test'!
率先
瑞士
球
运动员
HeadWord=球员
Get the items in Table 'Tab_Test' that has the attribute 'T=player'!
运动员
HeadWord=球员
```

代码 5-9 的主要功能介绍如下。

第 3 ~ 6 行，表示取得数据表 "Tab_Test" 中的全部数据项，并进行遍历输出。

第 9 ~ 12 行，表示取得数据表 "Tab_Test" 中具有属性 "T=player" 的数据项，并进行遍历输出。

5.3.7 数据项属性获取函数（GetTableItemKVs）

1. 函数功能

GetTableItemKVs 的原型函数如下。

```
Table=GetTableItemKVs(TableName, Item)或
Table=GetTableItemKVs(TableName, Item, Key)
```

GetTableItemKVs 的功能是取得数据表中指定数据项的属性，包括取得数据表 TableName 中数据项 Item 的全部属性和取得数据表 TableName 中数据

项 Item 属性名为 Key 的对应属性值。

2. 应用示例

本小节将结合具体示例对该函数的功能进行说明。设数据表文件中有关于汉语词汇及其例句的数据表 "WordExamp" 和关于汉语句子及其信息的数据表 "SentInfo"，示例数据表如下。

数据表 5-17

```
1   Table SentInfo
2   Item:我们 大家 都 喜欢 苹果 。
3   SentLevel=1
4   Structure=SPO
5
6   Item: 我们 大家 都 好 。
7   SentLevel=1
8   Structure=SP
9
10  Table WordExamp
11  Item:大家
12  Examp=(我们 大家 都 喜欢 苹果 。)
13  Examp=(我们 大家 都 好 。)
```

应用函数 GetTableItemKVs 取得 "大家" 一词的例句及例句的信息，示例代码如下。

代码 5-10

```
1  Sents=GetTableItemKVs("WordExamp", "大家", "Examp")
2  for i=1,#Sents do
3        print(Sents[i])
4        Infos=GetTableItemKVs("SentInfo", Sents[i])
5        for K, Vs in pair(Infos) do
6              print(K, table.concat(Vs, " "))
7        end
8  end
```

代码 5-10 的运行结果如下。

```
我们 大家 都 喜欢 苹果 。
SentLevel 1
Structure SPO
我们 大家 都 好 。
SentLevel 1
Structure SP
```

代码 5-10 的主要功能如下。

第 1 行，取得数据表 "WordExamp" 中数据项 "大家" 的 "Examp" 属性对应的属性值，即取得 "大家" 一词的例句。

第 2 ～ 3 行，对取得的例句进行遍历并输出。

第 4 ～ 7 行，取得数据表 "SentInfo" 中关于当前例句这一数据项的全部属性并进行遍历输出。

5.4　数据表在属性计算中的应用

数据表作为参数，可以用在 API 函数中，另外，数据表还可以用在属性计算的应用场景中，即用在 "键值对" 或键值表达式中。数据表用在 "键值对" 中时，用来描述数据项的属性，例如，词汇语义场中的同义反义信息等。数据表用在键值表达式中，起到属性测试的功能。例如，用在数据表的数据项中，在网格计算场景下，用于选取网格单元；用在数据项条件中，表示对应的数据项，应用时需要满足的上下文限定条件；数据表也经常应用在有限状态自动机相关的计算中，用于描写 FSA 上下文节点。例如，"Word=TableName" 表示判断当前 FSA 上下文节点对应的网格单元字符串是否在 "TableName" 中出现。

5.4.1　数据表用于 "键值对" 中

1. 在主表中定义从表

如果某个数据项有二元关系，例如，搭配、论元等，在该数据项后的属性中给出形如 "Coll-Role=[table1 table2..]" "键值对"，这里，"Coll-" 为保留形式，Role 为关系的角色名称，table1，table2 为从表名。

例如，数据表 5-8 第 2 行：Coll-Mod=[Mod_ 战胜]。

例如，数据表 5-13 第 2 行：Coll-A0=[Arg_Team] Coll-Time=[Time_Gen] Coll- A1=[A1_ 坐镇]。

需要注意的是，后接 "Coll-" 的 "Role" 列表，在形如 "Coll=[role1 role2]"

中给出，这里"Coll"为保留字。

2. 描写语言单元的词汇语义场

当数据项是词时，可以用数据表给出该词的各种类型的语义场信息，例如，词的同义词、反义词、上位词、下位词、包含的部件或作为部件的实体等。

数据表 5-18

```
1    Table Dict
2    主角     Syn=主角_Syn
3    栋梁     Syn=主角_Syn
4    同学
5    老师
6
7    Table 主角_Syn
8    骨干
9    主角
10   支柱
11   顶梁柱
12   擎天柱
13   台柱子
14   栋梁
15   中坚
16   中流砥柱
17   台柱
18   栋梁之材
```

代码 5-11

```
1    AddStructure([[[{"Type":"Word","Units":["他","扮演","主角","。"],
     "POS":["r","v","n","w"]}]]]")
2    Units=GetUnits("Type=Word")
3    for i=1,#Units do
4      if IsUnit(Units[i],"Syn=台柱子") then
5          print(GetText(Units[i]))
6      end
7    end
```

代码 5-11 的运行结果如下。

主角

在数据表 5-18 的第 2 行、第 3 行分别定义两个同义词，用数据表来描述同义词列表。

5.4.2　数据表用于键值表达式中

数据表用于键值表达式的示例如下。

```
Word=TableName
Prefix=TableName
Suffix=TableName
```

上述这样的键值表达式，用来测试网格单元包含的字符串情况。

```
Str= TableName
```

在有限状态自动机中，上述键值表达式用来测试当前网格包含字符串的情况。如果数据表 TableName 命名中包括 "_"，则可以省去 "Str=" 保留字串。

第6章
GPF 有限状态自动机

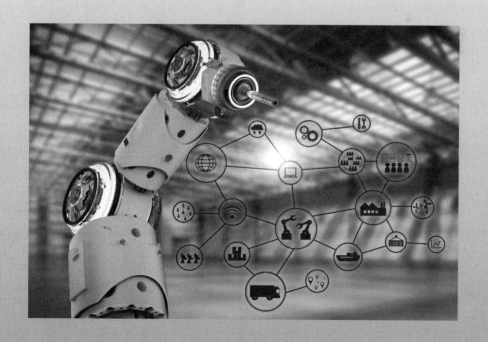

6.1 概述

语言结构分析借助上下文信息识别语言单元、建立语言单元之间的关系。由于自然语言的表达方式灵活多样，如果采用条件控制语句等编程逻辑表述上下文情况，则可能导致脚本复杂晦涩，难以维护，也可能出现效率低下的问题，所以 GPF 引入有限状态自动机（Finite State Automation，FSA），一方面采用 FSA 文法编撰 FSA 脚本描述自然语言的上下文，简洁清晰，易于维护；另一方面，借助网格单元与语言单元之间的对应关系，匹配 FSA 的路径与网格单元，高效地实现了自然语言的上下文识别功能。

6.1.1 形式化定义

为了方便对有限状态自动机进行说明，本章定义了以下术语。

定义 1：有限状态自动机（FSA）是一个有向图，用 4 元组表示：<Enter，{Node}，{Edge}，Exit>，有限状态自动机如图 6-1 所示。

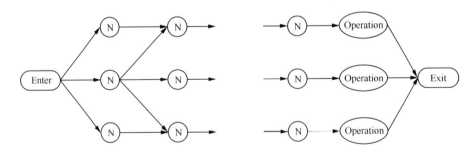

图 6-1 有限状态自动机

FSA 4 元组中的具体术语介绍如下。

● Enter：入口节点，一个有限状态自动机有唯一的入口节点，表示有限状态自动机的开始，不需要承载任何语言信息。

● Exit：出口节点，一个有限状态自动机有唯一的出口节点，表示有限状态自动机的结束，与入口节点（Enter）相同，不需要承载任何语言信息。

● {Node}：节点的集合，包括上下文节点和操作节点（Operation）两种类型，不包括入口节点（Enter）和出口节点（Exit）。

● {Edge}：有向边集合，可以连接两个节点（Node），入口节点（Enter）和节点（Node），或者节点（Node）和出口节点（Exit）。

定义 2：FSA 操作节点（Operation），通常情况下，在 FSA 路径上与出口节点（Exit）连接的节点是操作节点（Operation），体现为 GPF 脚本。

定义 3：FSA 上下文节点，在 FSA 路径上，从入口节点（Enter）后第一个节点开始，到操作节点（Operation）前一个节点结束。这些节点称为 FSA 上下文节点。FSA 上下文节点一般为字符串、数据表名、键值表达式（KV）和 FSA 匹配入口节点（Entry）等类型。

定义 4：FSA 匹配入口节点（Entry），是一个特殊的上下文节点。为高效匹配 FSA 路径与网格单元，在 FSA 上下文节点中指定一些节点。这些节点与网格单元对应，节点与网格单元的对应信息可以在 FSA 的配置中设定。

定义 5：FSA 路径，即从入口节点（Enter）开始，连接一个或多个节点（Node），到出口节点（Exit）结束的一条 FSA 通路。在 FSA 路径中，出口节点（Exit）的前一个节点是 FSA 操作节点（Operation），由 FSA 操作节点（Operation）向左一直到入口节点（Enter）前，为 FSA 上下文节点，其中一定包含一个 FSA 匹配入口节点（Entry）。

定义 6：FSA 路径节点编号，是指对 FSA 路径中的 FSA 上下文节点进行标号，有两种编码方案：一种是从左到右标号，依次为 0、1、2…；另一种是从右到左标号，依次为 −1、−2、−3…。FSA 路径节点编号如图 6-2 所示。

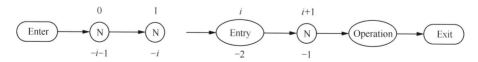

图 6-2　FSA 路径节点编号

定义 7：FSA 脚本，是由人来书写的、可以用来生成 FSA 的一套结构化数据。

定义 8：FSA 文法，是用来书写 FSA 脚本的规则。

6.1.2 主要功能

FSA 借助上下文辅助语言结构分析，充当控制器的角色。在 GPF 脚本中，通过调用 API 函数 RunFSA（FSAName，Param）运行 FSA，其中，第一个参数 FSAName 为 FSA 的名称，第二个参数 Param 为 FSA 的相关参数。可以将 FSA 理解为函数的一种特殊表达，每个 FSA 都有一个唯一名称（FSAName），其作用类似函数名，通过参数（Param）可以设置 FSA 的相关信息。FSA 的所有匹配路径对应函数体，内部封装了上下文控制条件和执行操作。如果在当前网格中，存在一个或者多个 FSA 路径，则说明网格满足 FSA 设定的上下文。

作为控制部件，有限状态自动机不仅可以简洁地描述上下文，也可以高效地完成 FSA 上下文节点与网格单元的匹配。相比程序控制语句，采用 FSA 文法书写的 FSA 脚本，在逻辑上，可以更清晰地描述上下文；在应用上，FSA 脚本通过编译工具，转化为内部节点连接图的形式。

GPF 可以根据需要设计一个或多个 FSA，每个 FSA 相互独立，但代码在同一个线程空间内。

6.2 FSA 文法

采用 GPF 框架，开发者遵循 FSA 文法，编写 FSA 脚本。FSA 脚本经过编译，转为计算使用的图的形态。本节将介绍 FSA 文法相关的内容。

6.2.1 FSA 脚本

在 GPF 中，FSA 脚本是写在数据文件中的，一个数据文件可以包含一个或多个 FSA 脚本，每个数据文件可以包括一个函数库，可以为全部的 FSA 脚本共用，FSA 脚本示例如下。

FSA 6-1

```
1    FSA FSAName1
```

```
2    #Param {K=V}
3    #Entry Entry=[KV]
4    #Include CodeLib1
5    Conext1
6    {
7        Operation1
8    }
9    Conext2
10   {
11       Operation2
12   }
13   ...
14
15   FSA FSAName2
16   #Param {K=V}
17   #Entry Entry=[KV]
18   #Include CodeLib2
19   Conext1
20   {
21       Operation1
22   }
23   Conext2
24   {
25       Operation2
26   }
27   ...
28
29   FuncLib CodeLib1
30   function FuncName1()
31       ...
32   end
33
34   function FuncName2()
35       ...
36   end
37   ...
```

上述 FSA 6-1 为伪 FSA 脚本，只为说明 FSA 脚本的结构使用。

以 FSA 6-1 为例，该数据文件主要包括 3 个部分。

第 1 ～ 14 行，名为 FSAName1 的 FSA 脚本。

第 15 ～ 28 行，名为 FSAName2 的 FSA 脚本。

第 29 ～ 37 行，名为 CodeLib1 的 GPF 函数库。

6.2.2　FSA 文法规定

在 GPF 中，FSA 文法规定，每个 FSA 的脚本包括 FSA 名称、FSA 参数和 FSA 内容 3 个部分，具体介绍如下。

1. FSA 名称

FSA 名称具有全局唯一性，由用户自定义，与其字母大小写无关，写在保留字"FSA"之后，不同的 FSA 之间可以通过 FSA 名称进行区分。

2. FSA 参数

参数项是对当前 FSA 运行情况的配置，以"#"开始，共有 3 种类型，具体介绍如下。

● "#Entry Entry=[KV]"。配置 FSA 匹配入口节点与网格单元的对应关系。其中，空格前的"#Entry"为保留字，空格后的 Entry 用户可以自定义，还可以通过键值表达式 [KV] 获取网格中的一个或多个网格单元，功能类似 GetUnit(KV)。这些网格单元为 FSA 匹配入口节点对应的网格单元。

● "#Include FuncLibName"。声明当前FSA调用的函数库。其中，"#Include"为保留字，FuncLibName 为函数库的名称，由用户自定义，可以是当前数据文件中定义的函数库，也可以是其他数据文件中定义的函数库。

● "#Param {K=V}"。指明当前 FSA 匹配与操作的执行条件，其中，"#Param"为保留字，"{K=V}"主要包括以下 4 种格式。

（1）Order=Yes/No

设置 FSA 中边的属性。在 FSA 节点与网格单元匹配时，边所连接的两个 FSA 节点是否要求顺序与语序一致，该值默认为 Yes。

（2）Nearby=Yes/No

设置 FSA 中边的属性。在 FSA 节点与网格单元匹配时，边所连接的两个 FSA 节点是否要求在网格中相邻，该值默认为 No。

（3）Bound=Sent/Clause/Group/Chunk

设置 FSA 路径在网格中的匹配范围。当其值为 Sent 时，表示 FSA 路径可以在整个文本中匹配；当其值为 Clause 时，表示将 FSA 路径的匹配范围限定在标点句内；当其值为 Group 时，表示将 FSA 路径的匹配范围限定在自足结构中；
当其值为 Chunk 时，表示将 FSA 路径的匹配范围限定在组块内。

（4）MaxLen=Yes/No

在 FSA 节点完成与网格单元的匹配后，设置执行操作（Operation）的模
式。如果该值为 "Yes"，则仅执行最长 FSA 路径对应的操作；如果该值为 "No"，
则执行所有 FSA 路径对应的操作，该值默认为 No。

3. FSA 内容

FSA 内容是生成 FSA 的主体，在进行语言结构分析时，描述了不同的上下
文及其对应的操作，由多个 Context 及其对应的 Operation 组成。Context 对
应 FSA 上下文节点，Operation 对应 FSA 操作节点。FSA 内容示例如下，形如
FSA 6-2。其中，Context 由一个或多个上下文序列构成，每个上下文序列由
一个或多个 Item 构成。

FSA 6-2

```
1   [
2   (Item Item ... Item)
3   ......
4   (Item Item ... Item)
5   ]
6   {
7       Operation
8   }
```

需要说明的是，FSA 6-2 为伪 FSA 脚本，仅为说明 FSA 的 Context 使
用情况。

在脚本 FSA 6-2 中，"[ ]" 表示一个 Context，由一个或多个上下文序列构
成，每个上下文序列用 "（ ）" 括起来。当 "[ ]" 内部只有一个上下文序列，即只
有一个 "（ ）" 时，"[ ]" 可省略；当 "[ ]" 内部有多个上下文序列，即多个 "（ ）" 时，
表示多个上下文序列可选其一。

对于一个上下文序列来说，"（ ）" 内部由一个或多个 Item 构成，每个 Item
由操作符和 Node 组合构成，操作符包括 "+""?""[ ]"，如果内部只有 Item 时，
则可省略 "（ ）"，形如 FSA 6-3。

FSA 6–3

```
1 Node
2 +Node
3 ?Node
4 [Node Node...]
```

需要说明的是，FSA 6–3 为伪 FSA 脚本，仅为说明 FSA 的 Context 中的 Node 使用。

在脚本 FSA 6–3 中，"+"表示该 Node 可以在当前上下文序列中连续出现一次或多次。

"?"表示该 Node 可有可无。

"[ ]"表示其中的 Node 之间形成"或"的关系。

Node 为 FSA 上下文节点，可以是字符串、数据表名、键值表达式、匹配入口节点、子路径名（SubConext）等。

当 Context 过于复杂或某一部分的复用性较高时，可以先用 SubContext 对该部分进行封装，在 Context 中调用 SubContext 的名字即可。SubContext 可以嵌套使用，当只有一层 SubContext 时，其在脚本中的位置不限，前后均可；当 SubContext 内部调用 SubContext 时，被调用者放前面，示例如下。

FSA 6–4

```
1    FSA Example
2    #Include Lib
3    #Entry Entry1=[K1=V2]
4    #Entry Entry2=[K2=V2]
5    #Entry Entry3=[K3=V3]
6    #Param Nearby=Yes MaxLen=No Order=Yes
7    [
8    (K4=V4&K5=V5 +String1  Entry2)
9    (K6=V6|K7=V7 ?String2 Entry1 K=UEntry)
10   ]
11   {
12       Process1()
13   }
14
15   [
16       (K8=V8 Table3 Entry3)
17       (Entry3 SubName)
```

```
18  ]
19  {
20      Process2()
21  }
22
23  sub SubName
24  (
25  [
26      Table1
27      Table2
28  ]
29  )
30
31  FuncLib Lib
32  function Process1()
33      print("process1")
34  end
35
36  function Process2()
37      print("process2")
38  end
```

需要说明的是，FSA 6-4 为伪 FSA 脚本，仅为说明 FSA 的 Context 中的 SubContext 如何使用。

在脚本 FSA 6-4 中，第 1 行，声明该 FSA 脚本的名称为 Example。

第 2 ~ 6 行，声明该 FSA 脚本的参数。

第 7 ~ 13 行，表示一个 Context 及其对应的 Operation，其中，第 8 行与第 9 行表示的上下文序列为一般类型的 Context。

第 15 ~ 22 行，表示一个 Context 及其对应的 Operation，其中，第 16 行表示的上下文序列为一般类型的 Context，第 17 行表示调用了 SubContext 的特殊的 Context。

第 23 ~ 30 行，表示名称为 SubName 的 SubContext 及其具体内容。

第 31 ~ 38 行，表示一个名称为 Lib 的函数库。

6.2.3　文法编译

FSA 脚本是面向人的，有限状态自动机（FSA）是面向计算机的。所谓文

法编译，即由 FSA 脚本生成有限状态自动机（FSA）的过程。在进行编译时，
FSA 脚本中的每个 Context 及其对应的 Operation 均生成一条或多条 FSA 路径。
Context 中的每个 Node 对应 FSA 上下文节点，Operation 对应 FSA 操作节点。
FSA 6-4 脚本编译 FSA 示例如图 6-3 所示。

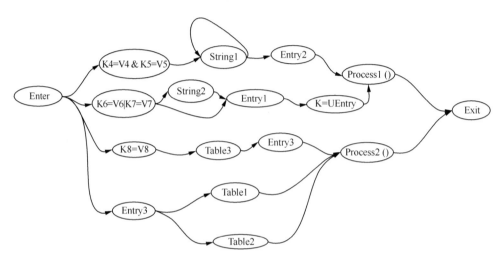

图 6-3　FSA 6-4 脚本编译 FSA 示例

6.3　FSA 运行机制

GPF 执行 FSA，即是将 FSA 上下文节点与网格单元进行匹配的过程。如果
FSA 上下文节点与网格单元成功匹配，即完成了从入口节点（Enter）到出口节
点（Exit）的连通，此时，可能有一条或多条路径实现连通。FSA 路径上的每
个 FSA 上下文节点都与一个网格单元对应，即网格单元的属性符合 FSA 上下
文节点内的测试内容。

在网格中，应用 FSA 有多种可能的策略。GPF 通过设置匹配机制，保证匹
配过程高效，且无歧义地完成预设的功能。具体匹配机制包括配置、匹配入口
节点、前后双向匹配、执行操作等。

6.3.1　配置

编译符合 FSA 文法的 FSA 脚本，成为计算机可以使用的有限状态自动机

（FSA），进而匹配 FSA 上下文节点与网格单元。为了控制匹配过程和处理匹配后的结果，FSA 通过设置参数完成相关的配置工作。配置内容主要包括是否要求 FSA 上下文节点进行有序匹配、是否要求相邻的两个 FSA 上下文节点匹配相邻的网格单元、限制 FSA 路径的匹配范围、如何处理多个 FSA 路径等。配置的 FSA 脚本示例如下。

FSA 6-5

```
1    FSA Example
2    #Include FunLibName
3    #Entry Entry1=[K1=V1]
4    #Param Nearby=Yes MaxLen=No Order=Yes
5
6    Context
7
8    {
9        Operation
10   }
11
12   FuncLib FunLibName
13   function Process1()
14       print("process1")
15   end
```

FSA 6-5 为伪 FSA 脚本，仅为说明 FSA 的配置如何使用。

在脚本 FSA 6-5 中，第 2 行：设置脚本引用。

第 3 行：设置 FSA 匹配入口节点，当该 FSA 脚本被调用时，与网格单元预对齐。

第 4 行：设置 FSA 参数。

本节将分别详细说明如何设置脚本引用与如何设置 FSA 参数。

1. 设置脚本引用

以 "#Include FuncLibName" 的形式声明当前 FSA 脚本调用的函数库。其中，"#Include" 为保留字，FuncLibName 为函数库名称，该函数库可以是当前数据文件中定义的函数库，也可以是其他数据文件中定义的函数库。

再以 "FuncLib FuncLibName" 的形式定义函数库的名称，并以 Lua 脚本的形式定义函数体。其中，"FuncLib"是保留字。

2. 设置 FSA 参数

以 "#Param K=V" 的形式在 FSA 脚本中指明当前 FSA 的匹配条件，其中，"#Param" 为保留字，"K=V" 主要包括以下 4 种参数。

（1） Order=Yes/No

设置是否要求有限状态自动机中的节点顺序与语序一致，该值默认为 Yes。如果设置为 No，则表示不按照语序进行匹配，示例数据表、示例 FSA、示例代码如下。

数据表 6-1

```
1    Table Sep_V
2    洗  POS=v
3
4    Table VN_洗
5    澡
```

FSA 6-6

```
1    FSA SepV1
2    #Param Order=Yes Nearby=No
3    #Entry EntrySepV=[POS=v]
5    EntrySepV Word=VN_XB
6    {
7        UnitN=GetUnit(-1)
8        UnitV=GetUnit(0)
9        AddRelation(UnitV,UnitN,"VN")
10       print("Order=Yes", GetText(UnitV),GetText(UnitN),"VN")
11   }
12
13   FSA SepV2
14   #Param Order=No Nearby=No
15   #Entry EntrySepV=[POS=v]
16
17   EntrySepV Word=VN_XB
18   {
19       UnitN=GetUnit(-1)
20       UnitV=GetUnit(0)
21       AddRelation(UnitV,UnitN,"VN")
```

```
22          print("Order=No",GetText(UnitV),GetText(UnitN),"VN")
23      }
```

代码 6-1

```
1       SetText("这个澡洗得很舒服。")
2       Segment("Sep_V")
3       RunFSA("SepV1")
4       RunFSA("SepV2")
```

上述数据表 6-1、FSA 6-6 和代码 6-1 的联合运行结果如下。

```
Order=No 洗      澡        VN
```

上述脚本的功能为识别离合词，当 Order=Yes 时，只能匹配"洗了个澡"这种符合原词顺序的语言表达；当 Order=No 时，还可以匹配"这个澡我洗得很舒服"这种不符合原词顺序的语言表达。

（2）Nearby=Yes/No

设置有限状态自动机路径中相邻的两个节点匹配到的网格单元是否在网格中相邻。如果其值为"Yes"，则 FSA 节点匹配的两个网格单元必须在网格中相邻；否则不作此要求。一般情况下，该值默认为 No，示例数据表、示例 FSA、示例代码如下。

数据表 6-2

```
1       Table Sep_V
2       洗 POS=v
3       Table VN_洗
4       澡
```

FSA 6-7

```
1       FSA NearbyYes
2       #Parameter Nearby=Yes
3       #Entry EntryV=[POS=v]
4       EntryV Word=VN_XB
5       {
6           Unit=Reduce(0,-1)
7           print("Nearby=Yes", GetText(Unit))
8       }
9
10      FSA NearbyNo
11      #Parameter Nearby=No
12      #Entry EntryV=[POS=v]
```

```
13 EntryV Word=VN_XB
14  {
15      Unit=Reduce(0,-1)
16      print("Nearby=No", GetText(Unit))
17  }
```

代码 6-2

```
1   SetText("我洗了一个舒舒服服的澡。")
2   Segment("Sep_V")
3   RunFSA("NearbyNo")
4   RunFSA("NearbyYes")
5   print("=========")
6   SetText("我去洗澡了。")
7   Segment("Sep_V")
8   RunFSA("NearbyNo")
9   RunFSA("NearbyYes")
```

上述数据表 6-2、FSA 6-7 和代码 6-2 的联合运行结果如下。

```
Nearby=No    洗了一个舒舒服服的澡
=========
Nearby=No    洗澡
Nearby=Yes   洗澡
```

上述脚本的主要功能介绍如下。

Nearby=Yes 只能匹配"他正在洗澡"这种紧邻的语言表达；Nearby=No 可以同时匹配"他正在洗澡"与"他洗了个澡"等语言表达。

（3）Bound=Sent/Clause/Group/Chunk

设置有限状态自动机的匹配范围，一般情况下，该值默认为 Sent，各个参数值对应的含义如下。

① Sent：FSA 路径节点匹配的网格单元在同一个句子内。

② Clause：FSA 路径节点匹配的网格单元在同一个小句内，这里的小句是指不含有逗号、句号、分号等标点句号的句子。

③ Group：FSA 路径节点匹配的网格单元在同一个自足结构内，当网格中有依存结构时，网格单元才会有 Group 信息，才可以使用该参数限制匹配范围。

④ Chunk：FSA 路径节点匹配的网格单元在同一个组块内，当网格中有组

块结构时，网格单元才会有 Chunk 信息，才可以使用该参数限制匹配范围。

　　设置有限状态自动机的匹配范围的示例数据表、示例 FSA 和示例代码如下。

数据表 6-3

```
1    Table Event1
2    吃 POS=v
3
4    Table VN_吃
5    饭
6    饼
```

FSA 6-8

```
1    FSA BoundSent
2    #Param Bound=Sent MaxLen=No
3    #Entry EntryV=[POS=v]
4    EntryV Word=VN_XB
5    {
6        UnitV=GetUnit(0)
7        UnitN=GetUnit(-1)
8        print("Bound=Sent", GetText(UnitV), GetText(UnitN))
9    }
10
11   FSA BoundClause
12   #Param Bound=Clause MaxLen=No
13   #Entry EntryV=[POS=v]
14   EntryV Word=VN_XB
15   {
16       UnitV=GetUnit(0)
17       UnitN=GetUnit(-1)
18       print("Bound=Clause", GetText(UnitV), GetText(UnitN))
19   }
20
21   FSA BoundGroup
22   #Param Bound=Group MaxLen=No
23   #Entry EntryV=[POS=v]
24   EntryV Word=VN_XB
25   {
26       UnitV=GetUnit(0)
27       UnitN=GetUnit(-1)
28       print("Bound=Group", GetText(UnitV), GetText(UnitN))
29   }
30
```

```
31   FSA BoundChunk
32   #Param Bound=Chunk MaxLen=No
33   #Entry EntryV=[POS=v]
34   EntryV Word=VN_XB
35   {
36       UnitV=GetUnit(0)
37       UnitN=GetUnit(-1)
38       print("Bound=Chunk", GetText(UnitV), GetText(UnitN))
39   }
```

代码 6-3

```
1   SetText("他吃了饭，又买了一张饼。")
2   dep_struct=CallService(GetText(), "dep")
3   AddStructure(dep_struct,"dep")
4   Segment("Event1")
5   RunFSA("BoundSent")
6   RunFSA("BoundClause")
7   RunFSA("BoundGroup")
8   RunFSA("BoundChunk")
```

上述数据表 6-3、FSA 6-8 和代码 6-3 的联合运行结果如下。

Bound=Sent	吃	饭
Bound=Sent	吃	饼
Bound=Clause	吃	饭
Bound=Group	吃	饭

上述脚本完成的主要功能介绍如下。

在输入为组块依存结构的"他吃了饭，又买了一张饼。"的前提下，有以下 4 种情形，具体描述如下。

当 Bound=Sent 时，FSA 路径的匹配范围是句子，由于"吃""饭"与"饼"均在一个句子内部，所以"吃 – 饭"和"吃 – 饼"都可以匹配上。

当 Bound=Clause 时，FSA 路径的匹配范围是小句，由于"吃"和"饼"不在一个小句内，所以只能匹配上"吃 – 饭"。

当 Bound=Group 时，FSA 路径的匹配范围是一个自足结构，由于"吃"和"饼"不在一个自足结构内，所以只能匹配上"吃 – 饭"。

当 Bound=Chunk 时，FSA 路径的匹配范围是一个组块，"饼"和"饭"与"吃"都不在一个组块内，所以都不能匹配上。

（4）MaxLen=Yes/No

设置有限状态自动机的操作模式，如果 MaxLen 值为"Yes"，则仅执行最长匹配路径对应的操作；如果 MaxLen 值为"No"，则执行所有匹配路径对应的操作，一般情况下，该值默认为 No。示例数据表、示例 FSA 和示例代码如下。

数据表 6-4

```
1   Table Event
2   吃  POS=v
3   饺子
4   酸菜

5   Table VN_吃
6   饺子
7   酸菜
```

FSA 6-9

```
1   FSA MaxYes
2   #Parameter MaxLen=Yes Nearby=No
3   #Entry EntryV=[POS=v]
4   EntryV Word=VN_XB
5   {
6       Unit=Reduce(0,-1)
7       print("MaxLen=Yes", GetText(Unit))
8   }
9
10  FSA MaxNo
11  #Parameter MaxLen=No Nearby=No
12  #Entry EntryV=[POS=v]
13  EntryV Word=VN_XB
14  {
15      Unit=Reduce(0,-1)
16      print("MaxLen=No", GetText(Unit))
17  }
```

代码 6-4

```
1   SetText("我吃了一碗酸菜馅饺子。")
2   Segment("Event")
3   RunFSA("MaxNo")
4   RunFSA("MaxYes")
```

上述数据表 6-4、FSA 6-9 和代码 6-4 的联合运行结果如下。

```
MaxLen=No          吃了一碗酸菜
```

MaxLen=No	吃了一碗酸菜馅饺子
MaxLen=Yes	吃了一碗酸菜馅饺子

以上示例完成的主要功能介绍如下。

数据表 6-4 中存放了与"吃"形成动宾关系的宾语实例；FSA 6-9 脚本的功能是识别动宾短语。当输入为"我吃了一碗酸菜馅饺子"时，如果"MaxLen=No"，则表示不受最长匹配限制，即"吃－酸菜"和"吃－饺子"均可以匹配上且执行相应的操作，当设置"MaxLen=Yes"时，表示只能匹配最长 FSA 路径，只有匹配上"吃－饺子"，才可以执行相应的操作。

6.3.2 匹配入口节点

实现 FSA 上下文节点与网格单元的匹配，可以采用穷举的方法，即测试每个网格单元是否满足 FSA 入口节点（Enter）后接的 FSA 节点，如果满足，就不断推进，直到匹配到 FSA 的出口节点（Exit），但是这样的算法效率较低。为了提高匹配效率，GPF 采用匹配入口节点的策略来加速匹配过程。

满足 FSA 上下文节点的 Context 对应的路径集合构成了 FSA 子图。在当前网格状态下，为了加速找到这样的子图，在匹配之前，设置 FSA 匹配入口节点，对 FSA 上下文节点与网格单元进行预对齐，在此基础上，完成完整的匹配过程。

FSA 脚本以"#Entry Entry=[KV]"的形式说明 FSA 中的"Entry"节点与满足"KV"属性条件的网格单元进行预对齐。

FSA 6-4 中的 FSA 匹配入口节点与网格单元预对齐如图 6-4 所示。

当前单元与匹配入口节点的关系可以在 Context 中使用 UEntry 访问 FSA 的匹配入口节点来表示，具体用法有以下 3 种。

一是形如"UEntry=VN"，表示当前单元与匹配入口节点对应的网格单元具有 VN 关系。

二是形如"URightNear=UEntry"，表示匹配入口节点对应的网格单元是当前单元的右紧邻单元。

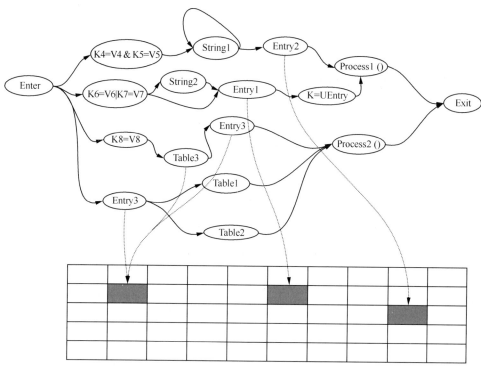

图6-4 FSA 6-4 中的 FSA 匹配入口节点与网格单元预对齐

三是形如"GroupID=UEntry",表示当前单元与匹配入口节点对应的单元在同一个自足结构中。

以上 3 种用法的 FSA 脚本示例如下。

FSA 6-10

```
1    FSA Demo
2    #Entry Entry=[POS=v]
3
4    UEntry=VN Entry
5    {
6        Process1()
7    }
8
9    URightNear=UEntry Entry
10   {
11       Process1()
12   }
13
14   GroupID=UEntry Entry
```

```
15  {
16      Process1()
17  }
```

6.3.3 前后双向匹配

通过匹配入口节点机制，在 FSA 的 Context 中，引入 FSA 匹配入口节点作为预对齐节点，预对齐节点作为特殊的节点项（Item）只能单独使用，不能用在含有逻辑操作符的键值。

表达式中，例如，"+Entry""?Entry""[Entry OtherNode]" 等均为不合法的形式。一个 FSA 路径只能包含一个预对齐节点。所谓双向匹配，即从预对齐节点向两侧其他 FSA 上下文节点进行匹配，双向匹配的过程示例如图 6-5 所示。

图 6-5 双向匹配的过程示例

在 FSA 中，当匹配到某一节点时，可以通过 U 型访问当前节点与预对齐节点之间的节点。例如，当匹配到预对齐节点左侧的 Node$i$ 时，可以通过 U 型访问节点 Node$i$ 右侧的 Node$i$–1、…、Node1，即以 URight+No 的形式访问，URight 是保留字，No 是当前节点和访问节点之间的距离。在图 6-5 中，Entry 左侧节点 Node2 可以通过 URight1 访问节点 Node1。

当匹配到预对齐节点右侧的 Node$i$ 时，可以通过 U 型访问节点 Node$i$ 左侧的 Node$i$–1、…、Node1，即以 ULeft+No 的形式访问，ULeft 是保留字，No 是当前节点和访问节点之间的距离。在图 6-5 中，Entry 右侧节点 Node2 可以通过 ULeft1 访问节点 Node1。

6.3.4 执行操作

在成功匹配 FSA 脚本中的 Context 后，下一步便进入对应的 Operation 部分，并运行其中的代码。这时也等同于匹配到了一个或者多个 FSA 路径。通过 FSA 路径节点编号可以得到当前 FSA 的每个上下文节点，由于 FSA 上下文节点与网格单元一一对应，所以得到 FSA 路径节点编号也就可以得到网格单元。其代码示例如下。

FSA 6-11

```
1    FSA Demo
2    Node1    +[Node2 Node3]   Entry
3    {
4        Num=GetFSANode(-1)
5        for i=0,Num do
6            Unit=GetUnit(i)
7            print(Unit)
8        end
9    }
```

"Demo"为当前 FSA 的名称，在 FSA 6-11 的脚本中的第 2～9 行为一个控制项。

其中，第 2 行为该控制项的 Context，第 3～9 行为该控制项的 Operation。

第 4 行，当满足 Context 描述的上下文时，FSA 的路径就是确定的，通过 GetFSANode(-1) 取得当前路径中最后一个属性测试节点的编号。

第 5～8 行，对路径节点编号进行遍历，通过 GetUnit(i) 得到每个节点编号对应的网格单元编号。

如果 FSA 上下文节点前面有"？"或"+"，则无法通过 FSA 上下文节点确定 FSA 路径节点编号，因此，无法通过 FSA 路径节点编号定位其对应的网格单元。为了解决该问题，引入标记符号"$Tag"对该 FSA 上下文节点进行标记，利用该标记符号与 API 函数可以获得其 FSA 路径节点编号，进而可以定位其对应的网格单元。其代码示例如下。

FSA 6-12

```
1    FSA Demo
2    Node1 ?Node2 Node3:$Tag ?Node4 Entry
3    {
4        Num=GetFSANode("$Tag")
5        Unit=GetUnit(Num)
6    }
```

FSA 6-12 脚本对应的无法确定 FSA 路径节点编号示例如图 6-6 所示。由于无法确定 Node2 和 Node4 节点是否匹配，也就无法确定 Node3 在路径中的节点编号，所以可以在 Node3 后添加 $Tag，并通过 GetFSANode 获得它在 FSA 路径中的节点编号。

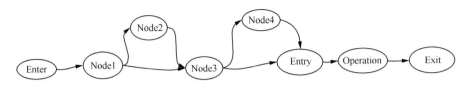

图 6-6　FSA 6-12 脚本对应的无法确定 FSA 路径节点编号示例

6.4　FSA 应用

6.4.1　RunFSA 算法过程

为了解释 GPF 中运行 FSA 的算法过程，API 函数 RunFSA 将其算法过程描述成伪代码，示例代码如下。

代码 6-5

```
1   function RunFSA(FSA, Param)
2       PreMatch=GetEntryInfo(FSA,"#Entry")
3       Option=GetOptionInfo(FSA,"#Param")
4       MatchPath={}
5       for Node,Units in pairs(PreMatch) do
6           for i=1,#Units do
7               PathLeft=MatchLeft(Node,Units[i],Option["Order"],
    Option["Nearby"],Option["Bound"],Param)
8               PathRight=MatchRight(Node,Units[i],Option["Order"],
    Option["Nearby"],Option["Bound"],Param)
9               Paths=Merge(PathLeft,PathRight)
10              table.insert(MatchPath,Paths)
11          end
12      end
13      if Option["MaxLen"] == Yes then
14          Path=GetMaxLenPath(MatchPath)
15          RunScript(Path["Operation"],"FSA",Param)
16      else
17          for i=1,#MatchPath do
18              RunScript(MatchPath[i]["Operation"],"FSA",Param)
19          end
20      end
21   end
```

需要注意的是，代码 6-5 是伪代码，无法直接运行，仅为说明 API 函数 RunFSA 的算法过程。

在代码 6-5 中，第 2 行：根据 FSA 脚本中的 #Entry 参数得到对应的预对齐单元。

第 3 行：取得 FSA 脚本中的 #Parameter 参数。需要说明的是，#Parameter 在程序中一般写作 #Param，二者代表的含义相同。

第 4 ～ 12 行：根据参数从预对齐节点开始进行双向匹配，并取得匹配成功的路径。

第 13 ～ 21 行：根据 FSA 脚本中设置的 MaxLen 参数选择执行哪条路径所对应的操作。

6.4.2　FSA 应用示例

1. 运行 FSA

GPF 通过 API 函数 RunFSA 来运行有限状态自动机，可以直接通过有限状态自动机的名字调用并运行对应的 FSA，示例代码如下。

代码 6-6

```
RunFSA("FSAName", Param)
```

需要注意的是，代码 6-6 是伪代码，无法直接运行，仅为说明 API 函数 RunFSA 的参数使用。

另外，RunFSA 还能够以参数的形式将全局信息传入 FSA 内部，该参数可以在 FSA 的 #Entry、Context 与 Operation 部分使用，示例代码如下。

代码 6-7

```
1   AddStructure([[{"Type":"Word","Units":["我","非常","喜欢",
    "玫瑰花","。"],"POS":["r","d","v","n","w"]}]], "SegPOS")
2   RunFSA("FSAName","POS1=v POS2=n")
```

FSA 脚本示例如下。

FSA 6-13

```
1   FSA FSAName
2   #Entry Entry=[POS=$POS1]
3   #Param Order=Yes MaxLen=Yes Nearby=Yes Bound=Clause
4
5   Entry POS=$POS2
6   {
```

```
7      POS1=GetParam("POS1")
8      POS2=GetParam("POS2")
9      print(POS1,POS2)
10    }
```

上述代码 6–7 与 FSA 6–13 的联合运行结果如下。

```
v n
```

在运行有限状态自动机"FSAName"并传入参数"POS1=v POS2=n"时，自动将 FSA 6–13 脚本中第 2 行出现的"$POS1"替换成"v"；将第 5 行中的"$POS2"替换成"n"。同时，也可以在 Operation 中通过 API 函数 GetParam 得到变量对应的值，例如，在 FSA 6–13 脚本中的第 7 行，通过 API 函数 GetParam 获得"POS1"的值"v"。

2. FSA 与网格单元

FSA 脚本可以实现 FSA 与网格单元的互动。当 FSA 路径满足 Context 描述的上下文时，便可以确定 FSA 的路径与路径节点对应的网格单元，此时可以通过 API 函数 GetUnit 得到 FSA 路径节点对应的网格单元编号，也可以通过合并操作（Reduce）产生新的网格单元，示例代码如下。

FSA 6–14

```
1     FSA VC
2     #Entry Entry=[POS=v]
3     #Param Order=Yes MaxLen=Yes Nearby=Yes Bound=Clause
4
5     POS=d ?地 Entry
6     {
7         Num=GetFSANode(-1)
8         for i=0,Num do
9             Unit=GetUnit(i)
10            print(i, GetText(Unit))
11        end
12        Unit=Reduce(0,-1)
13        AddUnitKV(unit,"Tag","状中")
14        print(GetText(unit),"Tag","状中")
15    }
```

代码 6–8

```
1     AddStructure([[{"Type":"Word","Units":["我","非常","喜欢",
      "玫瑰花","。"],"POS":["r","d","v","n","w"]}]], "SegPOS")
```

```
2    RunFSA("VC", "FSA")
```

上述 FSA 6-14 与代码 6-8 的联合运行结果如下。

```
0  非常
1  喜欢
非常喜欢    Tag     状中
```

FSA 6-14 脚本的功能介绍如下。

判断满足"副词 + 地 + 动词"或"副词 + 动词"的上下文，如果满足，则生成一个新的网格单元，并为其添加"Tag= 状中"的属性。

第 7 行，通过 GetFSANode（-1）取得当前 FSA 路径中最后一个属性测试节点的编号。

第 8 ~ 11 行，对 FSA 路径节点编号进行遍历，通过 GetUnit（i）得到每个节点编号对应的网格单元编号。

第 12 行，通过 Reduce 对路径中编号为 0 的节点到编号为 -1 的节点之间对应的所有网格单元进行合并，得到新的网格单元。

第 13 行，为新的网格单元添加"Tag= 状中"的属性。

3. FSA 与数据表

FSA 脚本可以实现 FSA 与数据表的互动。当在 FSA 的 Context 部分调用数据表时，如果数据表名中有 XB，则默认用 FSA 匹配入口节点对应网格单元的 HeadWord 属性值替换，示例代码如下。

数据表 6-5

```
1    Table Sep_V
2    破    Coll=[VN VC]
3
4    Table VN_破
5    门      HeadWord=破门
```

FSA 6-15

```
1    FSA SepV1
2    #Param Nearby=No Bound=Clause Order=Yes MaxLen=Yes
3    #Entry EntrySepV=[Coll=*]
4
5    EntrySepV Word=VN_XB
6    {
```

```
7        Unit=Reduce(0,-1)
8        print(GetText(Unit))
9    }
```

代码 6-9

```
1    SetText("他成功破了对方的球门。")
2    Segment("Sep_V")
3    RunFSA("SepV1")
```

上述数据表 6-5、FSA 6-15 与代码 6-9 的联合运行结果如下。

破了对方的球门

FSA 6-15 脚本中的第 5 行，在 Context 部分，当通过预对齐节点将网格单元"破"对应到节点"EntrySepV"时，"VN_XB"中的"XB"用"破"来替代，对应关系类型数据表从表的"VN_破"。

第 7 章
GPF 数据接口

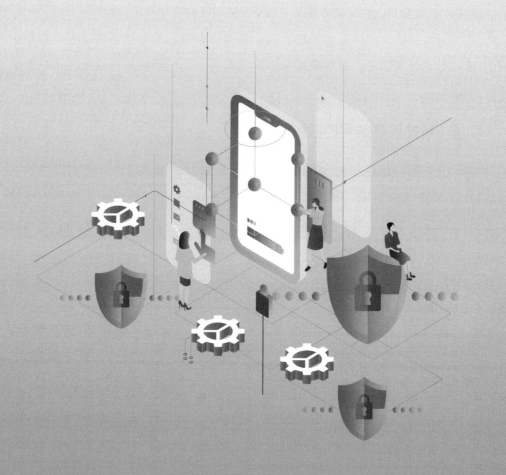

GPF 是一个开放的计算框架，不仅可以应用本地的知识完成一些自然语言结构分析的任务，还可以利用第三方服务为本地分析提供更多的知识。第三方提供的知识往往是待分析文本的某种语言结构信息。GPF 通过网格计算，融合本地和第三方提供的知识，完成更复杂的任务。

GPF 制定了与第三方服务交互的 API 函数，定义了语言结构统一的数据接口。GPF 在分析之初，可以接收一个或多个初始语言结构数据，只要符合数据接口，都可以在网格内进行一致性封装。在网格中，语言单元对应到网格单元，把语言结构分析聚焦为识别语言单元、网格单元的属性和网格单元间的关系计算。

GPF 在接收初始语言结构之后，借助数据表和有限状态自动机，得到更多的语言结构信息，最后通过遍历网格结构，输出网格单元的属性信息与关系信息。

7.1 初始语言结构的数据源

GPF 的初始语言结构的数据源可以是本地的数据文件，也可以是第三方服务的返回结果。本地数据通过 SetText 或 AddStructure 直接导入网格中，第三方服务返回符合预定义格式的数据，通过 CallService 取得，再通过 AddStructure 导入网格中。

7.1.1 离线形式的本地数据

离线形式的本地数据存储到文件中，可以是无标注文本，也可以是整理成预定义格式的结构化数据，通过 Lua 代码进行读取，分别通过 GPF 中的 API 函数 SetText 和 AddStructure 导入网格结构中，其示例代码如下。

代码 7-1

```
1    PlainText=true
```

```
2    IN = io.open(Inp, "r")
3    Line = IN:read("*l")
4    while(Line ~= nil) do
5        Line = IN:read("*l")
6        if PlainText then
7            if not SetText(Line) then
8                print("Text Error Format")
9            end
10       else
11           if not AddStructure(Line, ST) then
12               print("Structure Error Format")
13           end
14       end
15       Line = IN:read("*l")
16   end
17   io.close(IN)
```

需要注意的是，代码 7-1 需要准备输入文件才可以运行。

代码 7-1 的第 6 ~ 15 行是将遍历得到的每行文本通过 SetText 或 AddStructure 导入网格中，当导入失败时，二者返回 False 并输出错误信息。

代码 7-1 的第 7 行，SetText 的功能是对无标注文本进行导入，无标注文本的编码为 GBK（一个汉字编码标准）。

代码 7-1 的第 11 行，AddStructure 的功能是对满足预定义格式的结构化数据进行导入，结构化数据的编码也为 GBK。

7.1.2　在线形式的第三方服务

GPF 通过 CallService 函数实现在线形式的第三方服务，生成初始语言结构数据。该数据采用预定义、JSON 格式的数据接口，通过 AddStructure 函数导入网格中，示例代码如下。

代码 7-2

```
1    Sent="我们大家一起开会"
2    Struct=CallService(Sent,"dep")
3    AddStructure(Struct)
4    print(Struct)
```

代码 7-2 的运行结果如下。

```
{"Type":"Chunk","Units":["我们大家","一起","开会"],"POS":["NP",
```

```
"NULL","VP"],"Groups":[{"HeadID":2,"Group":
[{"Role":"sbj","SubID":0},{"Role":"mod","SubID":1}]}]}]
```

代码 7-2 的主要功能为：通过调用第三方服务对句子进行组块依存分析，并将分析的结果导入网格中。

代码 7-2 的第 2 行，CallService 是 GPF 中调用服务的 API，第一个参数传送到调用服务的输入，第二个参数（"dep"）是服务名，需要在 Config 文件中配置，是第三方服务返回的语言结构。CallService 的输入文本和输出结果均为 GBK 编码。

7.2 初始语言结构类型及数据接口

7.2.1 初始语言结构类型

GPF 网格结构中输入的初始语言结构类型主要包括以下 5 种。

1. 原始句子

原始句子是指无标注的文本，也就是语言的原始结构。

2. 序列结构

序列结构包括组块序列和分词序列。需要注意的是，序列中每个元素后可选择是否带有属性信息。

3. 树结构

树结构是指表示成树结构的句法分析结果。例如，短语结构树。

4. 森林结构

森林结构是指多个不相交树结构的集合。例如，带有分词信息的组块序列。

5. 图结构

图结构是指以节点和边表示的语言结构。例如，语义依存图。

7.2.2 初始语言结构数据接口

GPF 定义了 JSON 格式的数据接口来表示初始语言结构，如果初始语言结构数据可以表示为该格式，则可以直接按照 GPF 设定的方式导入网格结构中，具体格式示例如下。

```
{"Type":"Sent/Word/Tree/Chunk","Units":[string],"POS":[string],"Groups":
```

```
[{"HeadID":int,"Group":[{"Role":string,"SubID":int}]}],"ST":ST}
```

上述数据接口格式中元素的具体含义如下。

键名 Type、Units、POS、Groups、HeadID、Group、Role、SubID 为保留字。

1. Type

Type 为 Sent 时，表示句子，Units 为无标注句子。

Type 为 Word 时，表示分词，Units 为词序列。

Type 为 Tree 时，表示树结构，Units 是括号形式的树结构。

Type 为 Chunk 时，表示组块，Units 为组块序列。

Type 默认为 "Chunk"。Type 的内容决定了 Units 被导入网格时的单元类型。

2. Units

根据 Type 的内容，Units 可以是句子、词序列、树结构或者组块序列。其中，当 Type 是 Chunk 时，Units 中的每个 Unit 可以是组块，也可以是构成组块的词序列，形如 "Word/(KV KV)Word/(KV KV)..."，一个 Unit 中的 Word 连接起来组成当前组块内容。

3. POS

POS 序列对应 Units 的属性信息。当 Units 序列中某一个语言单元不需要添加到网格中时，可以在 POS 序列中将对应的元素设置为 "None"。

4. Groups

Groups 表示依存结构信息，对于非依存结构的表示，可以不包括这一项。

5. HeadID

HeadID 表示被依存节点信息，值为 Units 中被依存节点对应单元的序号（从 0 开始编号）。

6. Group

Group 表示依存节点信息。

7. Role

Role 表示依存节点的角色。

8. SubID

SubID 表示依存节点信息，值为 Units 中依存节点对应单元的序号（从 0

开始编号)。

9. ST

ST 表示当前初始语言结构的数据来源，可以不包括该项。

7.2.3　几种典型结构的数据接口

以下是几种典型语言结构的数据接口示例，只要符合 JSON 格式的数据接口，各类结构都能通过 AddStructure 函数嵌入网格结构中。

1. 分词结构

分词结构可以只包含分词序列，也可以包含属性信息。其 JSON 格式表示如下。

```
{"Type":"Word","Units":["Word1","Word2",...,"Wordn"]}
```

例如，分词结构"那 位 王 阿姨 在 超市 买 了 很 多 菜"，其 JSON 格式表示如下。

```
{"Type":"Word","Units":["那","位","王","阿姨","在","超市","买","了","很","多","菜"]}
```

属性信息既可以包括词性信息，也可以包括其他自定义信息，其 JSON 格式表示如下。

```
{"Type":"Word","Units":["Word1","Word2",...,"Wordn"], "POS":[V1,V2,...,Vn]}
```

例如，分词词性标注结构"那 /r 位 /q 王 /nr 阿姨 /n 在 /p 超市 /n 买 /v 了 /u 很 /d 多 /a 菜 /n"，其 JSON 格式表示如下。

```
{
    "Type":"Word",
    "Units": ["那","位","王","阿姨","在","超市","买","了","很","多","菜"],
    "POS": ["r","q","nr","n","p","n","v","u","d","a","n"]
}
```

2. 组块结构

组块结构是一种浅层的以组块为单位的句法表示形式，包括不带属性信息的组块序列和带属性信息的组块序列，其 JSON 格式表示如下。

```
{"Type":"Chunk","Units":["Chunk1","Chunk2",...,"Chunkn"],
```

```
"POS":[V1,V2,...,Vn]}
```

例如，组块结构"那位王阿姨 /NP-SBJ 在超市 /NULL-MOD 买了 /VP-PRD 很多菜 /NP-OBJ"，其 JSON 格式表示如下。

```
{
    "Type":"Chunk",
    "Units": ["那位王阿姨","在超市","买了","很多菜"],
    "POS": ["NP-SBJ", "NULL-MOD", "VP-PRD", "NP-OBJ"]
}
```

3. 短语结构树

短语结构树是基于短语结构语法将句子层级分解到词形成的树结构，其 JSON 格式表示如下。

```
{"Type":"Tree","Units":["((Label1((Label2 Word1) (Label3(Label4
Word2) (Labelm Wordn)))))"]}
```

短语结构树的示例如图 7-1 所示。

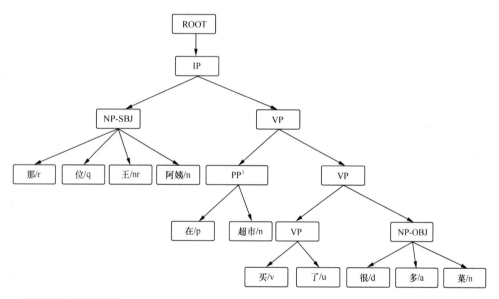

1. PP 表示的是介词短语。

图 7-1　短语结构树的示例

图 7-1 所示的短语结构树的示例 JSON 格式表示如下。

```
{"Type":"Tree","Units":["(ROOT(IP(NP-SBJ(r 那)(q 位)(nr 王)(n
阿姨))(VP(PP (p 在)(n 超市))(VP(VP (v 买)(u 了))(NP-OBJ(d 很)(a 多)
(n 菜))))))"]}
```

4. 词依存结构

词依存结构是以词为节点，描述节点之间依存关系的结构，其 JSON 格式表示如下。

```
{"Type":"Word","Units":["Word1","Word2",...,"Wordn"],
 "POS":[V1,V2,...,Vn], "Groups":["HeadID":2,"Group":[{"Role":
"Role1","SubID":0},{"Role":"Role2","SubID":i}]]}
```

词依存结构的示例如图 7-2 所示。

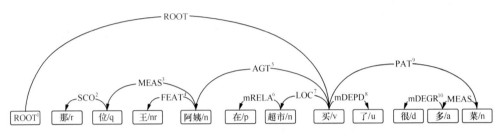

1. ROOT 表示中枢论元。
2. SCO 表示范围。
3. MEAS 表示度量。
4. FEAT 表示修饰。
5. AGT 表示施事。
6. mRELA 表示关系标记。
7. LOC 表示空间。
8. mDEPD 表示依附标记。
9. PAT 表示受事。
10. mDEGR 表示程度标记。

图 7-2   词依存结构的示例

图 7-2 所示的词依存结构的 JSON 格式表示如下。

```
{
    "Type":"Word",
    "Units": ["那","位","王","阿姨","在","超市","买","了","很","多",
"菜"],
    "POS": ["r","q","nr","n","p","n","v","u","d","a","n"],
    "Groups": [{
        "HeadID": 1,
        "Group": [{
            "Role": "SCO",
            "SubID": 0
        }]
    }, {
        "HeadID": 3,
```

```
        "Group": [{
            "Role": "MEAS",
            "SubID": 1
        }, {
            "Role": "FEAT",
            "SubID": 2
        }]
    }, {
        "HeadID": 5,
        "Group": [{
            "Role": "mRELA",
            "SubID": 4
        }]
    }, {
        "HeadID": 6,
        "Group": [{
            "Role": "AGT",
            "SubID": 3
        }, {
            "Role": "LOC",
            "SubID": 5
        }, {
            "Role": "mDEPD",
            "SubID": 7
        }, {
            "Role": "PAT",
            "SubID": 10
        }]
    }, {
        "HeadID": 9,
        "Group": [{
            "Role": "mDEGR",
            "SubID": 8
        }]
    }, {
        "HeadID": 10,
        "Group": [{
            "Role": "MEAS",
            "SubID": 9
        }]
    }
]
}
```

5. 组块依存结构

组块依存结构包括只有组块依存结构和带有分词信息的组块依存结构。

（1）只有组块依存结构

只有组块依存结构是以组块为节点，描述节点之间依存关系的结构，其 JSON 格式表示如下。

```
{
    "Type":"Chunk",
    "Units":["Chunk1","Chunk2",...,"Chunkn"],
    "POS":[V1,V2,...,Vn],
    "Groups":["HeadID":int,
              "Group":
              [
                  {"Role":"Role1","SubID":int},
                  {"Role":"Role2","SubID": int }
              ]
          ]
}
```

只有组块依存结构示例如图 7-3 所示。

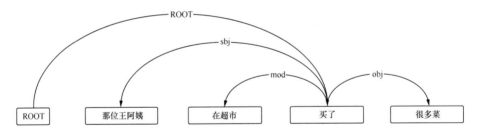

图 7-3 只有组块依存结构示例

图 7-3 中只有组块依存结构的 JSON 格式表示如下。

```
{
    "Type":"Chunk",
    "Units": ["那位王阿姨", "在超市", "买了", "很多菜"],
    "POS": ["NP", "NULL", "VP", "NP"],
    "Groups": [{
        "HeadID": 2,
        "Group": [{
            "Role": "sbj",
            "SubID": 0
        },{
```

```
                "Role": "mod",
                "SubID": 1
        },{
                "Role": "obj",
                "SubID": 3
        }]
    }]
}
```

（2）带有分词信息的组块依存结构

在组块依存结构的基础上，带有分词信息的组块依存结构，组块内部含有分词信息，体现在 JSON 格式上就是将组块写成以空格分隔的词语序列，且每个词语后可以带有用"键值对""{K=V}"或"V"（这时 V 被解析为词性）描述的属性，其 JSON 格式表示如下。

```
{
"Type":"Chunk",
"Units":["Word1 Word2","Word3(KV1 KV2)",...,"Wordn-1,Wordn"],
"POS":[V1,V2,...,Vn],
"Groups":[
        "HeadID":int,
        "Group":[
            {"Role":"Role1","SubID": int },
            {"Role":"Role2","SubID": int }
            ]
        ]
}
```

例如，在图 7-3 所示的只有组块的依存结构的基础上，每个组块都带有分词词性标注信息，其 JSON 格式表示如下。

```
{
    "Type":"Chunk",
    "Units": ["那/r 位/q 王/nr 阿姨/n", "在/p 超市/n", "买/v 了/u",
"很 d 多/a 菜/n"],
    "POS": ["NP", "NULL", "VP", "NP"],
    "Groups":[{
        "HeadID": 2,
        "Group": [{
            "Role": "sbj",
            "SubID": 0
        },{
            "Role": "mod",
```

```
            "SubID": 1
        },{
            "Role": "obj",
            "SubID": 3
        }]
    }]
}
```

7.3　初始语言结构在网格中的表示

语言结构导入网格中，语言单元对应网格单元，语言单元的属性附着在网格单元中，本节将结合网格和代码来说明不同语言结构在网格中的表示。

7.3.1　分词结构

分词结构分为词序列和包含属性信息的词序列。如果这两种结构包含的语言单元是相同的，将其导入网格后，它们在网格中的表示是相同的，但相互对应的网格单元所包含的属性信息是不一样的。

分词结构的网格单元具有"Type=Word"的信息，包含属性信息的分词结构，网格单元除了具有相同的属性信息，还会把属性信息添加在对应的网格单元中。

分词词性标注结构导入网格中时，每个词语对应一个网格单元，并为每个网格单元添加"Type=Word""POS= 词性""ST= 来源"的属性，以及其他通用属性。例如，"那 /r 位 /q 王 /nr 阿姨 /n 在 /p 超市 /n 买 /v 了 /u 很 /d 多 /a 菜 /n"在网格中表示如图 7-4 所示。

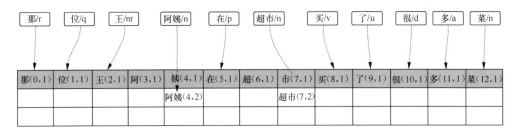

图 7-4　"那 /r 位 /q 王 /nr 阿姨 /n 在 /p 超市 /n 买 /v 了 /u 很 /d 多 /a 菜 /n"在网格中表示

输入分词词性标注结构，遍历并输出网格单元及部分网格单元属性的示例代码如下。

代码 7-3

```
1      Line=[[
2    {
3       "ST":,"SegPos",
4       "Type":"Word",
5       "Units": ["那","位","王","阿姨","在","超市","买","了","很",
   "多","菜"],
6       "POS": ["r","q","nr","n","p","n","v","u","d","a","n"]
7       }
8    ]]
9       AddStructure(Line)
10      Keys={"Unit","Word","HeadWord","POS","Type","ST","Char",
   "From","To","ClauseID"}
11      Units=GetUnits("Type=Word")
12      for i=1,#Units do
13          print("=>",GetUnitKV(Units[i],"Word"))
14          for k=1,#Keys do
15              Vs=GetUnitKVs(Units[i],Keys[k])
16              if #Vs>0 then
17                  Val=table.concat(Vs," ")
18                  print(Keys[k],"=",Val)
19              end
20          end
21          print()
22      end
```

运行代码 7-3 后输出的结果如下。

```
1    => 那
2    Unit    =    (0,1)
3    Word    =    那
4    HeadWord    =    那
5    POS    =    r
6    Type    =    Char Word
7    ST =    SegPos
8    Char    =    HZ
9    From    =    0
10   To =    0
11   ClauseID    =    0
12
13   => 位
14   Unit    =    (1,1)
15   Word    =    位
```

```
16    HeadWord   =    位
17    POS        =    q
18    Type       =    Char Word
19    ST =    SegPos
20    Char       =    HZ
21    From       =    1
22    To =    1
23    ClauseID   =    0
24
25    => 王
26    Unit       =    (2,1)
27    Word       =    王
28    HeadWord   =    王
29    POS        =    nr
30    Type       =    Char Word
31    ST =    SegPos
32    Char       =    HZ
33    From       =    2
34    To =    2
35    ClauseID   =    0
36
37    => 阿姨
38    Unit       =    (4,2)
39    Word       =    阿姨
40    HeadWord   =    阿姨
41    POS        =    n
42    Type       =    Word
43    ST =    SegPos
44    From       =    3
45    To =    4
46    ClauseID   =    0
47
48    => 在
49    Unit       =    (5,1)
50    Word       =    在
51    HeadWord   =    在
52    POS        =    p
53    Type       =    Char Word
54    ST =    SegPos
55    Char       =    HZ
56    From       =    5
57    To =    5
58    ClauseID   =    0
59
```

```
60    => 超市
61    Unit    =    (7,2)
62    Word    =    超市
63    HeadWord    =    超市
64    POS    =    n
65    Type    =    Word
66    ST =    SegPos
67    From    =    6
68    To =    7
69    ClauseID    =    0
70
71    => 买
72    Unit    =    (8,1)
73    Word    =    买
74    HeadWord    =    买
75    POS    =    v
76    Type    =    Char Word
77    ST =    SegPos
78    Char    =    HZ
79    From    =    8
80    To =    8
81    ClauseID    =    0
82
83    => 了
84    Unit    =    (9,1)
85    Word    =    了
86    HeadWord    =    了
87    POS    =    u
88    Type    =    Char Word
89    ST =    SegPos
90    Char    =    HZ
91    From    =    9
92    To =    9
93    ClauseID    =    0
94
95    => 很
96    Unit    =    (10,1)
97    Word    =    很
98    HeadWord    =    很
99    POS    =    d
100   Type    =    Char Word
101   ST =    SegPos
102   Char    =    HZ
103   From    =    10
```

```
104   To =    10
105   ClauseID    =    0
106
107   => 多
108   Unit    =    (11,1)
109   Word    =    多
110   HeadWord    =    多
111   POS    =    a
112   Type    =    Char Word
113   ST =    SegPos
114   Char    =    HZ
115   From    =    11
116   To =    11
117   ClauseID    =    0
118
119   => 菜
120   Unit    =    (12,1)
121   Word    =    菜
122   HeadWord    =    菜
123   POS    =    n
124   Type    =    Char Word
125   ST =    SegPos
126   Char    =    HZ
127   From    =    12
128   To =    12
129   ClauseID    =    0
```

代码 7-3 的主要功能介绍如下。

在输出结果中，首先输出网格单元对应的语言单元，然后输出该网格单元。

其中，代码 7-3 的第 1 行：JSON 格式的分词词性标注结构。

第 5 行：将上述结构导入网格。

第 6 行：定义预遍历的属性名。

第 9 ~ 19 行：取得遍历所有词单元，并输出网格单元与其属性。

输出结果中，每行对应一个属性，等号 "=" 左侧为属性名，右侧为属性值，多个属性值之间用空格分隔。

7.3.2   组块结构

组块结构是组块的序列结构，导入网格时，每个组块单元对应一个网格单元，并添加组块相应的属性。

组块结构导入网格后，单元属性包括网格单元类型（Type = Chunk）、网格单元性质（POS=NP-SBJ/VP-PRD……）等。

例如，输入组块序列"那位王阿姨 /NP-SBJ 在超市 /NULL-MOD 买了 /VP-PRD 很多菜 /NP-OBJ"，组块序列输入的示例在网格中的表示如图 7-5 所示。

那 (0,1)	位 (1,1)	王 (2,1)	阿 (3,1)	姨 (4,1)	在 (5,1)	超 (6,1)	市 (7,1)	买 (8,1)	了 (9,1)	很 (10,1)	多 (11,1)	菜 (12,1)
				那位王阿姨 (4,2)			在超市 (7,2)		买了 (9,2)			很多菜 (12,2)

图 7-5　组块序列输入的示例在网格中的表示

输入组块序列，遍历并输出网格单元及网格单元属性的示例代码如下。

代码 7-4

```
1   Line=[[
2   {
3       "ST": "Chunk",
4       "Type":"Chunk",
5       "Units": ["那位王阿姨","在超市","买了","很多菜"],
6       "POS": ["NP-SBJ", "NULL-MOD", "VP-PRD", "NP-OBJ"]
7   }
8   ]]
9   AddStructure(Line)
10  Keys={"Unit","Word","HeadWord","POS","Type","ST","From","To",
    "ClauseID"}
11  Units=GetUnits("Type=Chunk")
12  for i=1,#Units do
13      print("=>",GetUnitKV(Units[i],"Word"))
14      for k=1,#Keys do
15          Vs=GetUnitKVs(Units[i],Keys[k])
16          if #Vs>0 then
17              Val=table.concat(Vs," ")
18              print(Keys[k],"=",Val)
19          end
20      end
21      print()
22  end
```

代码 7-4 的输出网格结构如下。

```
1   =>  那位王阿姨
```

```
2    Unit    =    (4,2)
3    Word    =    那位王阿姨
4    HeadWord    =    那位王阿姨
5    POS =    NP-SBJ
6    Type    =    Chunk
7    ST =    Chunk
8    From    =    0
9    To  =    4
10   ClauseID    =    0
11
12   =>   在超市
13   Unit    =    (7,2)
14   Word    =    在超市
15   HeadWord    =    在超市
16   POS =    NULL-MOD
17   Type    =    Chunk
18   ST =    Chunk
19   From    =    5
20   To  =    7
21   ClauseID    =    0
22
23   =>   买了
24   Unit    =    (9,2)
25   Word    =    买了
26   HeadWord    =    买了
27   POS =    VP-PRD
28   Type    =    Chunk
29   ST =    Chunk
30   From    =    8
31   To  =    9
32   ClauseID    =    0
33
34   =>   很多菜
35   Unit    =    (12,2)
36   Word    =    很多菜
37   HeadWord    =    很多菜
38   POS =    NP-OBJ
39   Type    =    Chunk
40   ST =    Chunk
41   From    =    10
42   To  =    12
43   ClauseID    =    0
```

7.3.3　短语结构树

短语结构树是树状的语言结构，导入网格时，从根节点到叶子节点，每个节点都对应一个网格单元，并添加相应的属性。

短语结构树导入网格后，单元属性包括网格单元类型（Type = Word/Phrase）、网格单元性质（POS=NP-SBJ/VP/PP.../n/v/...）、父节点属性（UHead Tree=UnitNo）、子节点属性（USubTree=UnitNo）。输入对应的树结构及其对应的网格如图 7-6 所示。

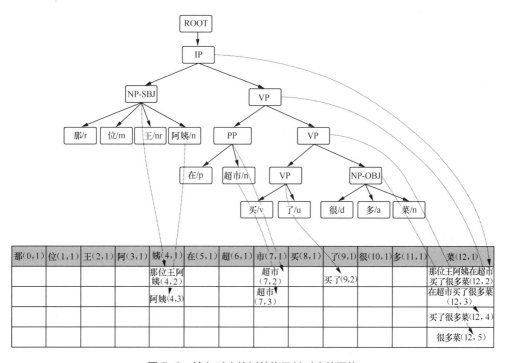

图 7-6　输入对应的树结构及其对应的网格

输入短语结构树，遍历并输出网格单元及网格单元属性的示例代码如下。其中，在代码 7-5 的第 1 行，表示导入 GPF 提供的 module 模块，第 7 行对该模块中的函数 printUnit 进行调用，可以输出所有短语结构树节点对应的网格单元及其属性。

代码 7-5

```
1    Line=[[
```

```
2    {"Type":"Tree","Units":["(ROOT(IP(NP-SBJ(r 那)(q 位)(nr 王)
     (n 阿姨))(VP(PP (p 在)(n 超市))(VP(VP (v 买)(u 了))(NP-OBJ
     (d 很)(a 多)(n 菜))))))"]}
3        ]]
4    AddStructure(Line)
5    Units=GetUnits("Type=Word")
6    for i=1,#Units do
7        print("=>"..Units[i],GetText(Units[i]),GetUnitKV(Units[i],
     "POS"))
8    end
9
10   Units=GetUnits("Type=Phrase")
11   for i=1,#Units do
12       print("=>"..Units[i],GetText(Units[i]))
13       KVs=GetUnitKVs(Units[i])
14       Info=""
15       for k,Vs in pairs(KVs) do
16           Val=table.concat(Vs," ")
17           if #Vs > 1 then
18               print(k.."=["..Val.."] ")
19           elseif  #Vs > 0 then
20               print(k.."="..Val.." ")
21           end
22       end
23   end
```

代码 7-5 运行后输出的结果如下。

```
1    =>(0,1)    那 r
2    =>(1,1)    位 q
3    =>(2,1)    王 nr
4    =>(4,3)    阿姨   n
5    =>(5,1)    在 p
6    =>(7,3)    超市 n
7    =>(8,1)    买 v
8    =>(9,1)    了 u
9    =>(10,1)   很 d
10   =>(11,1)   多 a
11   =>(12,1)   菜 n
12   =>(12,2)   那位王阿姨在超市买了很多菜
13   ClauseID=0
14   USubJSON=[(4,2) (12,3)]
15   POS=IP
16   RSubJSON=Link
17   UChunk=
```

```
18   RSub=Link
19   USub=[(4,2) (12,3)]
20   UThis=(12,2)
21   USubJSON-Link=[(4,2) (12,3)]
22   Type=Phrase
23   From=0
24   To=12
25   ST=JSON
26   HeadWord=那位王阿姨在超市买了很多菜
27   USub-Link=[(4,2) (12,3)]
28   Word=那位王阿姨在超市买了很多菜
29   =>(4,2)      那位王阿姨
30   RSubJSON=Link
31   UChunk=
32   UThis=(4,2)
33   USubJSON-Link=[(0,1) (1,1) (2,1) (4,3)]
34   To=4
35   HeadWord=那位王阿姨
36   UHeadJSON=(12,2)
37   UHead-Link=(12,2)
38   UHead=(12,2)
39   POS=NP-SBJ
40   UHeadJSON-Link=(12,2)
41   USubJSON=[(0,1) (1,1) (2,1) (4,3)]
42   USub-Link=[(0,1) (1,1) (2,1) (4,3)]
43   USub=[(0,1) (1,1) (2,1) (4,3)]
44   ClauseID=0
45   ST=JSON
46   RHeadJSON=Link
47   RHead=Link
48   RSub=Link
49   Type=Phrase
50   From=0
51   (12,2)=Link
52   Word=那位王阿姨
53   =>(12,3)     在超市买了很多菜
54   RSubJSON=Link
55   UChunk=
56   UThis=(12,3)
57   USubJSON-Link=[(7,2) (12,4)]
58   To=12
59   HeadWord=在超市买了很多菜
60   UHeadJSON=(12,2)
61   UHead-Link=(12,2)
```

```
62   UHead=(12,2)
63   POS=VP
64   UHeadJSON-Link=(12,2)
65   USubJSON=[(7,2) (12,4)]
66   USub-Link=[(7,2) (12,4)]
67   USub=[(7,2) (12,4)]
68   ClauseID=0
69   ST=JSON
70   RHeadJSON=Link
71   RHead=Link
72   RSub=Link
73   Type=Phrase
74   From=5
75   (12,2)=Link
76   Word=在超市买了很多菜
77   =>(7,2)      在超市
78   RSubJSON=Link
79   UChunk=
80   UThis=(7,2)
81   USubJSON-Link=[(5,1) (7,3)]
82   To=7
83   HeadWord=在超市
84   UHeadJSON=(12,3)
85   UHead-Link=(12,3)
86   UHead=(12,3)
87   POS=PP
88   UHeadJSON-Link=(12,3)
89   USubJSON=[(5,1) (7,3)]
90   USub-Link=[(5,1) (7,3)]
91   USub=[(5,1) (7,3)]
92   ClauseID=0
93   RHeadJSON=Link
94   (12,3)=Link
95   RSub=Link
96   RHead=Link
97   Type=Phrase
98   From=5
99   ST=JSON
100  Word=在超市
101  =>(12,4)    买了很多菜
102  RSubJSON=Link
103  UChunk=
104  UThis=(12,4)
105  USubJSON-Link=[(9,2) (12,5)]
```

```
106   To=12
107   HeadWord=买了很多菜
108   UHeadJSON=(12,3)
109   UHead-Link=(12,3)
110   UHead=(12,3)
111   POS=VP
112   UHeadJSON-Link=(12,3)
113   USubJSON=[(9,2) (12,5)]
114   USub-Link=[(9,2) (12,5)]
115   USub=[(9,2) (12,5)]
116   ClauseID=0
117   RHeadJSON=Link
118   (12,3)=Link
119   RSub=Link
120   RHead=Link
121   Type=Phrase
122   From=8
123   ST=JSON
124   Word=买了很多菜
125   =>(9,2)     买了
126   RSubJSON=Link
127   UChunk=
128   UThis=(9,2)
129   USubJSON-Link=[(8,1) (9,1)]
130   To=9
131   RHeadJSON=Link
132   UHeadJSON=(12,4)
133   UHead-Link=(12,4)
134   UHead=(12,4)
135   POS=VP
136   UHeadJSON-Link=(12,4)
137   USubJSON=[(8,1) (9,1)]
138   USub-Link=[(8,1) (9,1)]
139   USub=[(8,1) (9,1)]
140   ClauseID=0
141   HeadWord=买了
142   (12,4)=Link
143   RHead=Link
144   RSub=Link
145   Type=Phrase
146   From=8
147   ST=JSON
148   Word=买了
149   =>(12,5)    很多菜
```

```
150   RSubJSON=Link
151   UChunk=
152   UThis=(12,5)
153   USubJSON-Link=[(10,1) (11,1) (12,1)]
154   To=12
155   RHeadJSON=Link
156   UHeadJSON=(12,4)
157   UHead-Link=(12,4)
158   UHead=(12,4)
159   POS=NP-OBJ
160   UHeadJSON-Link=(12,4)
161   USubJSON=[(10,1) (11,1) (12,1)]
162   USub-Link=[(10,1) (11,1) (12,1)]
163   USub=[(10,1) (11,1) (12,1)]
164   ClauseID=0
165   HeadWord=很多菜
166   (12,4)=Link
167   RHead=Link
168   RSub=Link
169   Type=Phrase
170   From=10
171   ST=JSON
172   Word=很多菜
```

接下来，本节将结合上述代码 7-5 对部分网格单元属性依次进行解释。

1. 网格单元类型（Type = Word/Phrase）

树结构中非叶节点的单元类型为 Phrase，例如，网格单元"很多菜"；叶子节点单元类型为 Word，例如，"很""多"和"菜"。

2. 网格单元性质（POS=n/v/.../NP-OBJ）

树结构中的标签作为性质属性添加到网格单元中。例如，"很多菜"具有"POS=NP-OBJ"的属性。

3. 父节点属性（UHead=UnitNo；UHead-Role=UnitNo；UHeadST= UnitNo；UHeadST-Role=UnitNo）与子节点属性（USub=UnitNo；USub-Role=UnitNo；USubST=UnitNo；USubST-Role=UnitNo）

除了根节点，每个节点都有一个父节点，其对应的网格单元具有"UHead=UnitNo；UHead-Role=UnitNo；UHeadST=UnitNo；UHeadST-Role=UnitNo"的属性。其中，树结构的 Role 均为"Link"，ST 为导入时添加的参数"Tree"。

例如,"阿姨(4,3)"具有"UHeadTree-Link=(4,2);UHeadTree=(4,2);UHead-Link=(4,2);UHead=(4,2)"的属性,表示"阿姨"的父节点是"那位王阿姨(4,2)"。

除了叶子节点,每个节点都有一个或多个子节点,其对应的网格单元具有"USub=UnitNo;USub-Role=UnitNo;USubST=UnitNo;USubST-Role=UnitNo"的属性。例如,"那位王阿姨(4,2)"具有"USubTree-Link=[(0,1)(1,1)(2,1)(4,3)];USubTree=[(0,1)(1,1)(2,1)(4,3)];USub-Link=[(0,1)(1,1)(2,1)(4,3)];USub=[(0,1)(1,1)(2,1)(4,3)]"的属性,表示"那位王阿姨(4,2)"的子节点为:那(0,1)、位(1,1)、王(2,1)、阿姨(4,3)。

7.3.4 词依存结构

当输入为词依存结构时,所有的网格单元具有类型属性(Type=Word)、性质属性(POS=n/v/p/w……)、自足结构编号属性(GroupID=Num)。

另外,被依存节点和依存节点具有不同的依存关系,这种依存关系也会添加到对应的网格单元(HeadUnit、SubUnit)中,在 Head/Sub 后用 ST 来区分关系来源。

词依存结构及其在网格中的表示如图 7-7 所示。

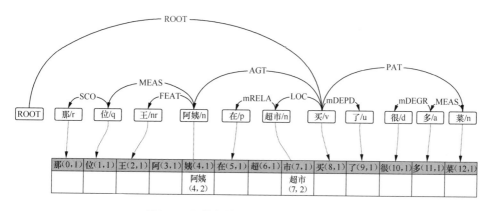

图 7-7 词依存结构及其在网格中的表示

输入词依存结构,遍历并输出网格单元及网格单元属性的示例代码如下。

代码 7-6

```
1    Line=[[
2    {
3        "ST":"Dep",
4        "Type":"Word",
5        "Units": ["那","位","王","阿姨","在","超市","买","了","很",
    "多","菜"],
6        "POS": ["r","q","nr","n","p","n","v","u","d","a","n"],
7        "Groups": [{
8            "HeadID": 1,
9            "Group": [{
10               "Role": "SCO",
11               "SubID": 0
12           }]
13       }, {
14           "HeadID": 3,
15           "Group": [{
16               "Role": "MEAS",
17               "SubID": 1
18           }, {
19               "Role": "FEAT",
20               "SubID": 2
21           }]
22       }, {
23           "HeadID": 5,
24           "Group": [{
25               "Role": "mRELA",
26               "SubID": 4
27           }]
28       }, {
29           "HeadID": 6,
30           "Group": [{
31               "Role": "AGT",
32               "SubID": 3
33           }, {
34               "Role": "LOC",
35               "SubID": 5
36           }, {
37               "Role": "mDEPD",
38               "SubID": 7
39           }, {
40               "Role": "PAT",
```

```
41              "SubID": 10
42          }]
43      }, {
44          "HeadID": 9,
45          "Group": [{
46              "Role": "mDEGR",
47              "SubID": 8
48          }]
49      }, {
50          "HeadID": 10,
51          "Group": [{
52              "Role": "MEAS",
53              "SubID": 9
54          }]
55      }
56 ]
57 }
58 ]]
59 AddStructure(Line)
60 Units=GetUnits("Type=Word")
61 for i=1,#Units do
62     print("=>"..Units[i],GetText(Units[i]),GetUnitKV(Units[i],
   "POS"))
63 end
64
65 Units=GetUnits("POS=n|POS=v")
66 for i=1,#Units do
67     print("=>"..Units[i],GetText(Units[i]))
68     KVs=GetUnitKVs(Units[i])
69     Info=""
70     for k,Vs in pairs(KVs) do
71         Val=table.concat(Vs," ")
72         if #Vs > 1 then
73             print(k.."=["..Val.."] ")
74         elseif  #Vs > 0 then
75             print(k.."="..Val.." ")
76         end
77     end
78 end
```

上述代码 7-6 运行后输出的网格单元及单元属性如下。

```
1      =>(0,1)    那 r
```

```
2      =>(1,1)      位  q
3      =>(2,1)      王  nr
4      =>(4,2)      阿姨  n
5      =>(5,1)      在  p
6      =>(7,2)      超市  n
7      =>(8,1)      买  v
8      =>(9,1)      了  u
9      =>(10,1)     很  d
10     =>(11,1)     多  a
11     =>(12,1)     菜  n
12     =>(4,2)      阿姨
13     RHead=AGT
14     USubDep-MEAS=(1,1)
15     Type=Word
16     POS=n
17     UHeadDep=(8,1)
18     RSub=[MEAS FEAT]
19     USub=[(1,1) (2,1)]
20     Word=阿姨
21     (8,1)=AGT
22     HeadWord=阿姨
23     GroupID=[2 4]
24     UThis=(4,2)
25     USub-MEAS=(1,1)
26     ST=Dep
27     UChunk=
28     RSubDep=[MEAS FEAT]
29     ClauseID=0
30     USubDep-FEAT=(2,1)
31     USub-FEAT=(2,1)
32     UHeadDep-AGT=(8,1)
33     USubDep=[(1,1) (2,1)]
34     RHeadDep=AGT
35     UHead-AGT=(8,1)
36     UHead=(8,1)
37     To=4
38     From=3
39     =>(7,2)      超市
40     RHead=LOC
41     UHead-LOC=(8,1)
42     POS=n
43     UHeadDep=(8,1)
```

```
44    RSub=mRELA
45    USub=(5,1)
46    (8,1)=LOC
47    HeadWord=超市
48    GroupID=[3 4]
49    USub-mRELA=(5,1)
50    USubDep-mRELA=(5,1)
51    ST=Dep
52    Word=超市
53    RSubDep=mRELA
54    ClauseID=0
55    UThis=(7,2)
56    To=7
57    UHeadDep-LOC=(8,1)
58    USubDep=(5,1)
59    RHeadDep=LOC
60    UChunk=
61    UHead=(8,1)
62    Type=Word
63    From=6
64    =>(8,1)    买
65    USub-AGT=(4,2)
66    USubDep-PAT=(12,1)
67    Type=[Char Word]
68    POS=v
69    RSub=[AGT LOC mDEPD PAT]
70    Char=HZ
71    USub=[(4,2) (7,2) (9,1) (12,1)]
72    HeadWord=买
73    GroupID=4
74    USubDep-AGT=(4,2)
75    USub-PAT=(12,1)
76    USub-LOC=(7,2)
77    UThis=(8,1)
78    RSubDep=[AGT LOC mDEPD PAT]
79    ClauseID=0
80    To=8
81    USubDep-LOC=(7,2)
82    USub-mDEPD=(9,1)
83    USubDep=[(4,2) (7,2) (9,1) (12,1)]
84    Word=买
85    UChunk=
86    ST=Dep
```

```
87    USubDep-mDEPD=(9,1)
88    From=8
89    =>(12,1)    菜
90    RHead=PAT
91    USubDep-MEAS=(11,1)
92    Type=[Char Word]
93    POS=n
94    UHeadDep=(8,1)
95    RSub=MEAS
96    Char=HZ
97    USub=(11,1)
98    (8,1)=PAT
99    HeadWord=菜
100   GroupID=[4 6]
101   Word=菜
102   ST=Dep
103   UThis=(12,1)
104   RSubDep=MEAS
105   ClauseID=0
106   UHead-PAT=(8,1)
107   USub-MEAS=(11,1)
108   UHeadDep-PAT=(8,1)
109   USubDep=(11,1)
110   RHeadDep=PAT
111   UChunk=
112   UHead=(8,1)
113   From=12
114   To=12
```

7.3.5　组块依存结构

当输入为组块依存结构时，每个组块单元对应一个网格单元，这些网格单元具有类型属性（Type=Chunk）、性质属性（POS=NP/VP/NULL/w……）、自足结构编号属性（GroupID=Num）和组块编号属性（ChunkID=Num）。

另外，被依存节点（HeadUnit）和依存节点（SubUnit）对应的网格单元具有不同的关系属性，在 Head/Sub 后用 ST 来区分关系来源。

组块依存结构及其与网格的对应如图 7-8 所示。

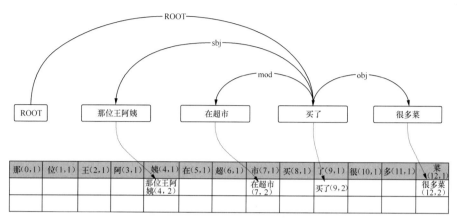

图 7-8　组块依存结构及其与网格的对应

输入组块依存结构，遍历并输出网格单元及网格单元属性的示例代码如下。

代码 7-7

```
1   DepJson=[[
2   {
3       "ST":"Dep",
4       "Type":"Chunk",
5       "Units": ["那位王阿姨", "在超市", "买了", "很多菜"],
6       "POS": ["NP", "MOD", "VP", "NP"],
7       "Groups": [{
8           "HeadID": 2,
9           "Group": [{
10              "Role": "sbj",
11              "SubID": 0
12          },{
13              "Role": "mod",
14              "SubID": 1
15          },{
16              "Role": "obj",
17              "SubID": 3
18          }]
19      }]
20  }
21  ]]
22  AddStructure(DepJson)
23
24  Units=GetUnits("Type=Chunk")
25  for i=1,#Units do
26      print("=>"..Units[i],GetText(Units[i]),GetUnitKV(Units[i],
    "POS"))
```

```
27  end
28
29  Units=GetUnits("POS=NP|POS=VP")
30  for i=1,#Units do
31      print("=>"..Units[i],GetText(Units[i]))
32      KVs=GetUnitKVs(Units[i])
33      Info=""
34      for k,Vs in pairs(KVs) do
35          Val=table.concat(Vs," ")
36          if #Vs > 1 then
37              print(k.."=["..Val.."] ")
38          elseif  #Vs > 0 then
39              print(k.."="..Val.." ")
40          end
41      end
42  end
```

代码 7-7 运行后输出的网格单元及单元属性如下。

```
1   =>(4,2)  那位王阿姨 NP
2   =>(7,2)  在超市    MOD
3   =>(9,2)  买了    VP
4   =>(12,2)     很多菜    NP
5   =>(4,2)  那位王阿姨
6   ClauseID=0
7   UHead=(9,2)
8   RHeadDep=sbj
9   UHeadDep=(9,2)
10  Type=Chunk
11  ChunkID=0
12  To=4
13  ST=Dep
14  From=0
15  Word=那位王阿姨
16  GroupID=1
17  UHeadDep-sbj=(9,2)
18  POS=NP
19  (9,2)=sbj
20  HeadWord=那位王阿姨
21  RHead=sbj
22  UChunk=(4,2)
23  UThis=(4,2)
24  UHead-sbj=(9,2)
25  =>(9,2)  买了
```

```
26  USub-sbj=(4,2)
27  HeadWord=买了
28  GroupID=1
29  RSub=[sbj mod obj]
30  USub=[(4,2) (7,2) (12,2)]
31  USub-mod=(7,2)
32  USub-obj=(12,2)
33  Type=Chunk
34  ChunkID=2
35  To=9
36  ST=Dep
37  From=8
38  USubDep-obj=(12,2)
39  Word=买了
40  UThis=(9,2)
41  USubDep-sbj=(4,2)
42  POS=VP
43  UChunk=(9,2)
44  ClauseID=0
45  RSubDep=[sbj mod obj]
46  USubDep=[(4,2) (7,2) (12,2)]
47  USubDep-mod=(7,2)
48  =>(12,2)     很多菜
49  POS=NP
50  UHead=(9,2)
51  RHeadDep=obj
52  UHeadDep-obj=(9,2)
53  UHeadDep=(9,2)
54  Type=Chunk
55  UHead-obj=(9,2)
56  To=12
57  ST=Dep
58  From=10
59  Word=很多菜
60  UChunk=(12,2)
61  ClauseID=0
62  (9,2)=obj
63  ChunkID=3
64  RHead=obj
65  HeadWord=很多菜
66  UThis=(12,2)
67  GroupID=1
```

本节将结合代码 7–7 对部分网格单元属性依次进行解释。

1. 自足结构编号属性（GroupID=Num）

自足结构编号属性表示当前网格单元所在自足结构的编号，在代码 7–7 中，"在超市"是第 1 个自足结构中的节点。因此，该网格单元具有"GroupID=1"的属性。

2. 组块编号属性（ChunkID=Num）

组块编号属性表示当前网格单元所在组块的编号，在代码 7–7 中，"在超市"是组块序列中的第 2 个组块。因此，该网格单元具有"ChunkID=2"的属性。

3. 关系属性：被依存节点（HeadUnit）

被依存节点对应的网格单元的关系属性包括"USub=UnitNo；USub–Role=UnitNo；USubST=UnitNo；USubST–Role=UnitNo；RSub=Role；RSubST=Role"。在代码 7–7 中，"买了"是被依存节点，该节点对应的网格单元具有"USubDep–sbj=（4，2）；USubDep–obj=（12，2）；USubDep–mod=（7，2）；USubDep=[（4，2）（7，2）（12，2）]；USub–sbj=（4，2）；USub–obj=（12，2）；USub–mod=（7，2）；USub=[（4，2）（7，2）（12，2）]；RSubDep=[sbj mod obj]；RSub=[sbj mod obj]"属性。

4. 关系属性：依存节点（SubUnit）

依存节点对应的网格单元的关系属性包括"UHead=UnitNo；UHead–Role=UnitNo；UHeadST=UnitNo；UHeadST–Role=UnitNo；RHead=Role；RHeadST=Role"。在代码 7–7 中，"那位王阿姨"是依存节点，该节点所对应的网格单元具有"UHeadDep–sbj=（9，2）；UHeadDep=（9，2）；UHead–sbj=（9，2）；UHead=（9，2）；RHeadStruct=sbj；RHeadDep=sbj；RHead=sbj"属性。

7.3.6 带有分词的组块依存结构

带有分词的组块依存结构是在组块依存结构的基础上加上了分词词性标注信息，每个组块和词分别对应一个网格单元，带有分词的组块依存结构及其与网格的对应关系如图 7–9 所示。

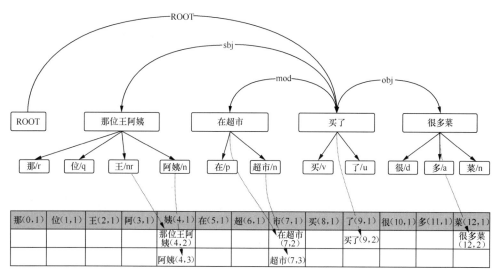

那(0,1)	位(1,1)	王(2,1)	阿(3,1)	姨(4,1)	在(5,1)	超(6,1)	市(7,1)	买(8,1)	了(9,1)	很(10,1)	多(11,1)	菜(12,1)
				那位王阿姨(4,2)			在超市(7,2)		买了(9,2)			很多菜(12,2)
				阿姨(4,3)			超市(7,3)					

图 7-9 带有分词的组块依存结构及其与网格的对应关系

组块对应的网格单元具有的属性与组块依存结构相同；词对应的网格单元具有单元类型属性（Type=Word）、词性属性（POS=n/v/r……）、自足结构编号属性（GroupID=Num）和组块编号属性（ChunkID=Num）。其中，自足结构编号属性和组块编号属性与其所属的组块单元相同。

输入带有分词的组块依存结构，遍历并输出网格单元及网格单元属性的示例代码如下。

代码 7-8

```
1   DepJson=[[
2   {
3       "ST":"Dep",
4       "Type":"Chunk",
5       "Units": ["那/r 位/q 王/nr 阿姨/n", "在/p 超市/n", "买/v 了/
    u", "很/d 多/a 菜/n"],
6       "POS": ["NP", "MOD", "VP", "NP"],
7       "Groups":[{
8           "HeadID": 2,
9           "Group": [{
10              "Role": "sbj",
11              "SubID": 0
12          },{
13              "Role": "mod",
14              "SubID": 1
```

```
15            },{
16               "Role": "obj",
17               "SubID": 3
18            }]
19        }]
20   }
21   ]]
22   AddStructure(DepJson)
23
24   Units=GetUnits("Type=Word")
25   for i=1,#Units do
26       print("=>"..Units[i],GetText(Units[i]),GetUnitKV(Units[i],
     "POS"))
27   end
28
29   Units=GetUnits("Type=Chunk")
30   for i=1,#Units do
31       print("=>"..Units[i],GetText(Units[i]))
32       KVs=GetUnitKVs(Units[i])
33       Info=""
34       for k,Vs in pairs(KVs) do
35           Val=table.concat(Vs," ")
36           if #Vs > 1 then
37               print(k.."=["..Val.."] ")
38           elseif  #Vs > 0 then
39               print(k.."="..Val.." ")
40           end
41       end
42   end
```

代码 7-8 运行后输出的结果如下。

```
1    =>(0,1)  那  r
2    =>(1,1)  位  q
3    =>(2,1)  王  nr
4    =>(4,3)  阿姨   n
5    =>(5,1)  在  p
6    =>(7,3)  超市   n
7    =>(8,1)  买  v
8    =>(9,1)  了  u
9    =>(10,1)    很  d
10   =>(11,1)    多  a
11   =>(12,1)    菜  n
12   =>(4,2)  那位王阿姨
```

```
13  UHeadDep-sbj=(9,2)
14  POS=NP
15  HeadWord=那位王阿姨
16  RHeadDep=sbj
17  ChunkID=0
18  Word=那位王阿姨
19  Type=Chunk
20  RHead=sbj
21  ClauseID=0
22  UChunk=(4,2)
23  (9,2)=sbj
24  UHeadDep=(9,2)
25  UHead-sbj=(9,2)
26  To=4
27  GroupID=1
28  UHead=(9,2)
29  UThis=(4,2)
30  ST=Dep
31  From=0
32  =>(7,2) 在超市
33  POS=MOD
34  UHead-mod=(9,2)
35  HeadWord=在超市
36  RHeadDep=mod
37  ChunkID=1
38  Word=在超市
39  Type=Chunk
40  RHead=mod
41  ClauseID=0
42  UChunk=(7,2)
43  (9,2)=mod
44  UHeadDep=(9,2)
45  To=7
46  UHeadDep-mod=(9,2)
47  GroupID=1
48  UHead=(9,2)
49  UThis=(7,2)
50  ST=Dep
51  From=5
52  =>(9,2) 买了
53  USub-sbj=(4,2)
54  To=9
55  USub=[(4,2) (7,2) (12,2)]
```

```
56   HeadWord=买了
57   RSub=[sbj mod obj]
58   USubDep=[(4,2) (7,2) (12,2)]
59   ChunkID=2
60   Word=买了
61   Type=Chunk
62   ClauseID=0
63   UChunk=(9,2)
64   GroupID=1
65   USubDep-sbj=(4,2)
66   USubDep-mod=(7,2)
67   USub-obj=(12,2)
68   USubDep-obj=(12,2)
69   RSubDep=[sbj mod obj]
70   POS=VP
71   USub-mod=(7,2)
72   UThis=(9,2)
73   ST=Dep
74   From=8
75   =>(12,2)      很多菜
76   UHead-obj=(9,2)
77   POS=NP
78   HeadWord=很多菜
79   RHeadDep=obj
80   ChunkID=3
81   Word=很多菜
82   Type=Chunk
83   RHead=obj
84   ClauseID=0
85   UChunk=(12,2)
86   (9,2)=obj
87   UHeadDep=(9,2)
88   To=12
89   UHeadDep-obj=(9,2)
90   GroupID=1
91   UHead=(9,2)
92   UThis=(12,2)
93   ST=Dep
94   From=10
```

第 8 章
GPF 应用

由 GPF 开发的应用可以是离线的工具，也可以是在线的服务。GPF 中知识可以来自本地数据，也可以来自在线服务等。GPF 采用配置文件方式，统一管理各类知识。另外，在 GPF 中，数据表和 FSA 脚本在使用前需要建立索引，提高 GPF 的运行效率。

8.1　GPF 的配置

运行 GPF 使用的数据表、有限状态自动机和第三方服务，均以 JSON 格式写在配置文件中，GPF 的配置格式如下。

配置 8-1

```
1   {
2     "Type":type
3     "Path":path
4     "Name":name
5   }
```

配置 8-1 中的"Type""Path""Name"均为保留字。在配置文件中，每行对应一个完整的 JSON 配置项，根据实际情况，可以写一行或者多行。

"Type"的值"type"可以为"FSA""Table""Service"。这 3 个 type 值分别表示有限状态自动机、数据表、第三方服务。

"Path"的值"path"可以是本地路径（FSA、Table 情况），形如"path/"；也可以是网络路径（Service），形如"http://IP：Port/path"。

"Name"的值是针对第三方服务，由 GPF 名义的 ID，供 API 函数 CallService 使用。当"Name"的值是数据表或有限状态自动机时，可以省略不写。配置 8-2 的格式如下。

配置 8-2

```
1   {"Type":"Table","Path":"Idx/Table1/"}
2   {"Type":"Table","Path":"Idx/Table2/"}
```

```
3   {"Type":"FSA","Path":"Idx/FSA1/"}
4   {"Type":"FSA","Path":"Idx/FSA2/"}
5   {"Type":"Service","Name":"Seg","Path":"202.112.194.69:50/seg"}
6   {"Type":"Service","Name":"Dep","Path":"202.112.194.69:50/dep"}
```

配置 8-2 的主要功能介绍如下。

第 1 ~ 2 行，表示在路径 "Data/Table/" 下，有两套数据表索引数据，分别为 "Eventtable" 和 "Septable"。这两套数据表索引数据通过 GPF 工具包索引生成。

第 3 ~ 4 行，表示在路径 "Data/FSA/" 中，有两套有限状态自动机脚本索引数据，分别为 "KVfsa" 和 "Gramfsa"。这两套有限状态自动机脚本索引数据通过 GPF 工具包生成。

第 5 ~ 6 行，表示两个第三方服务的网络配置，并分别命名为 "Seg" 和 "Dep"，在 GPF 脚本中，通过名称调用。

8.2　GPF 的索引

GPF 有两类数据需要在使用前进行索引：一类是数据表；另一类是有限状态自动机。其中，索引后的数据表在计算机内部表示为可以快速访问的数据结构，以便 GPF 更高效地使用知识。

8.2.1　索引数据表

数据表（Table）存放在文本类型的文件中，编码为 GBK。GPF 可以包含一个或多个数据表文件，每个数据表文件可以包含一个或多个数据表，每个数据表相互独立，与所在文件和位置无关。一个数据表文件对应一套索引数据，由 gpf.exe 索引产生，索引命令如下。

```
gpf.exe -table FileName IdxPath
```

上述索引命令的具体说明如下。

● gpf.exe：GPF 工具。

● -table：用于指定功能类型为索引数据表。

● FileName：数据表文件名。

● IdxPath：索引数据存放路径。

索引命令代码示例如下。

```
gpf.exe -table ./data/Event.table ./idx/
```

数据表文件经过索引以后，一个文件对应两个索引文件，索引文件名为数据表文件名与"table"的拼接，扩展名分别为".idx"和".dat"，例如，上例索引命令代码运行后形成如下两个文件。

```
./idx/Eventtable.idx
./idx/Eventtable.dat
```

8.2.2 索引有限状态自动机

有限状态自动机（FSA）存放在文本类型的文件中，编码为 GBK。GPF 可以包含一个或多个 FSA 脚本文件，每个脚本文件可以包含一个或多个 FSA，每个 FSA 相互独立，与所在文件和位置无关。一个 FSA 文件对应一套索引数据，由 gpf.exe 索引产生，其索引命令如下。

```
gpf.exe -fsa FileName IdxPath
```

上述索引命令的具体说明如下。

● gpf.exe：GPF 工具。

● -fsa：用于指定功能类型为索引有限状态自动机脚本。

● FileName：有限状态自动机脚本文件名。

● IdxPath：索引数据存放路径。

索引命令代码示例如下。

```
gpf.exe -fsa ./data/Event.fsa ./idx/
```

有限状态自动机脚本文件经过索引以后，一个文件对应两个索引文件，其索引文件名为有限状态自动机脚本文件名和"fsa"的拼接，扩展名分别为".idx"和".dat"。

```
./idx/Eventfsa.idx
./idx/Eventfsa.dat
```

如果 FSA 脚本文件包含函数库"FuncLib"，则索引之后，函数库部分会单独生成扩展名为".sub"的索引文件，以便其他 FSA 脚本调用，索引命令如下。

```
./idx/Eventfsa.sub
```

8.3   GPF 的运行

GPF 主要有两种运行模式：一种是本地运行；另一种是网络服务。其中，本地运行包括单线程和多线程两种方式；网络服务是启动 HTTP 服务，用户可以通过 POST 或者 GET 两种方式进行访问。

本节以一个示例说明 GPF 的两种运行模式。

本次示例的目标为通过模式匹配，获得大数据中的新术语及其定义。

1. 数据表

数据表的文件名"terminfo.tab"，示例代码如下。

数据表 8-1

```
1    Table Seg_Term
2    所谓
3    定义
4    称
```

2. 有限状态自动机

有限状态自动机文件名"terminfo.fsa"，示例代码如下。

FSA 8-1

```
1    FSA Term
2    #Include TermInfo
3    #Param Nearby=Yes Order=Yes MaxLen=Yes
4    #Entry Entry-所谓=[Word=所谓]
5    #Entry Entry-定义=[Word=定义]
6    #Entry Entry-称=[Word=称]
7
8    Entry-所谓 +Char=HZ 就是
9    {
10       UnitNo1=GetUnit(0)
11       UnitNo2=GetUnit(-1)
12       NewTerm(UnitNo1,UnitNo2)
13   }
14
15
16   +Char=HZ Char=HZ:$T ?的 Entry-定义 [是 为 ：]
17   {
18       UnitNo1=GetUnit(0)
```

```
19    UnitNo2=GetUnit("$T")
20    From1=GetUnitKV(UnitNo1,"From")
21    To2=GetUnitKV(UnitNo2,"To")
22    String=GetString(From1,To2)
23    UnitNo=AddUnit(To2,String)
24    AddUnitKV(UnitNo,"Tag","Term")
25  }
26
27  Entry-称 ^为:$T +Char=HZ
28  {
29    UnitNo1=GetUnit("$T")
30    UnitNo2=GetUnit(-1)
31    To1=GetUnitKV(UnitNo1,"To")
32    To2=GetUnitKV(UnitNo2,"To")
33    String=GetString(To1+1,To2)
34    UnitNo=AddUnit(To2,String)
35    AddUnitKV(UnitNo,"Tag","Term")
36  }
37
38  NameSpace TermInfo
39  function NewTerm(UnitNo1,UnitNo2)
40    To1=GetUnitKV(UnitNo1,"To")
41    From2=GetUnitKV(UnitNo2,"From")
42    String=GetString(To1+1,From2-1)
43    UnitNo=AddUnit(From2-1,String)
44    AddUnitKV(UnitNo,"Tag","Term")
45  end
```

无论是本地运行还是网络服务，都必须提前对数据表和有限状态自动机的索引数据进行配置，配置文件"config.txt"内容如下。

配置 8-3

```
1  {"Type":"Table","Path":"Data/01/"}
2  {"Type":"FSA","Path":"Data/01//"}
```

对数据表和有限状态自动机的脚本文件进行索引时，索引数据文件存放的路径应与"config.txt"文件中保持一致，其索引命令如下。

```
gpf.exe -table terminfo.tab Data/01/
gpf.exe -fsa terminfo.tab Data/01/
```

运行索引命令后，在路径"Data/01/"下生成两套索引数据文件："terminfotable"和"terminfofsa"。其中，"terminfotable"是数据表的索引数据文件，"terminfofsa"

是有限状态自动机脚本的索引文件。

8.3.1　本地运行

1. 本地单线程模式

GPF 在本地以单线程模式运行时，需要有一个扩展名为 ".lua" 的总控文件来控制分析流程，完成语言结构分析，具体包括操作网格、调用数据表、运行有限状态自动机等。

总控文件为 "terminfo.lua" 的相关示例代码如下。

代码 8-1

```
1    local function ExtractTerm(Line)
2        SetText(Line)
3        Segment("Segment_Term")
4        RunFSA("Term")
5    end
6
7    local function Demo()
8        Line="称一种无线通信技术为蓝牙"
9        ExtractTerm(Line)
10       Ret=GetText("Tag=Term")
11       print(Ret)
12   end
13
14   Demo()
```

本地运行的命令如下。

```
gpf.exe -lua terminfo.lua config.txt
```

上述命令的具体说明如下。

● gpf.exe：GPF 工具。

● –lua：用于指定功能类型为运行 Lua 脚本。

● terminfo.lua：Lua 脚本文件名。

● config.txt：GPF 工具本地运行的配置文件。

2. 本地多线程模式

在实际应用中，当处理的数据量比较大时，GPF 可以采用多线程加速处理，缩短处理时间。在多线程模式下，GPF 中的总控代码（扩展名为 .lua）需要封装在有限状态自动机脚本中，利用在命令行中指定有限状态自动机名称来引用总控代码。

本地多线程模式运行的命令如下。

```
gpf.exe -files config fsaname filelist MaxThreadNum
```

上述命令的具体说明如下。

- gpf.exe：GPF 工具。

- –files：指定功能类型为批处理。

- config：GPF 工具本地运行的配置文件。

- fsaname：总控脚本对应的有限状态自动机名称。

- filelist：存储待分析文件列表的文件，文件中每行对应一个待分析文件路径。

- MaxThreadNum：开启的最大线程数。

本地多线程模式示例代码如下。

FSA 8–2

```
1    FSA ExtractTerm
2    #Include LuaCode
3    {
4      Demo()
5    }
6
7    NameSpace LuaCode
8    local function ExtractTerm()
9        Segment("Segment_Term")
10       RunFSA("Term")
11   end
12
13   local function Demo()
14       ExtractTerm()
15       Ret=GetText("Tag=Term")
16        WebPrint(Ret)
17       Return(Ret)
18   end
```

本地单线程模式运行的总控脚本 "terminfo.lua" 在多线程模式下封装在 "terminfo.fsa" 文件内名称为 "Term" 的 FSA 脚本中，需要再次对有限状态自动机脚本进行索引，索引命令与之前相同。

本地多线程模式运行的命令如下。

```
gpf.exe -files config.txt ExtractTerm filelist 30
```

8.3.2　网络服务

以 8.3.1 节中的代码 8-1 为例，网络服务中的索引数据和 "config.txt" 文件与多线程模式下相同，启动网络服务的命令如下。

```
gpf.exe -http 8080 config.txt
```

网络服务启动后，可以通过以下 Python 示例脚本，调用网络服务提供的 GPF 接口，完成语言结构分析，其示例代码如下。

代码 8-2

```
1  import requests
2  url='http://127.0.0.1:8080/gpf?input=称一种无线通信技术为蓝牙&
   operation=ExtractTerm'
3  r = requests.get(url)
4  r.encoding = 'gbk'
5  print(r.text)
```

访问网络服务的 url 如代码 8-2 的第 2 行所示。其中，"127.0.0.1 : 8080" 为网络服务的 IP 地址和端口号，端口号须与启动服务时指定的端口号一致。

"/gpf" 为调用的服务接口，该接口需要指定两个参数："input" 和 "operation"。其中，"input" 指定待分析文本；"operation" 指定用于分析的总控脚本。

GPF 除了可以通过脚本语言，例如，Python 等对 GPF 提供的服务接口进行调用，还可以通过 GPF 的脚本对其他 GPF 服务接口进行调用，示例代码如下。

代码 8-3

```
1  SetText("称一种无线通信技术为蓝牙")
2  Struct={}
3  Struct["Text"]=GB2UTF8(Text)
4  Struct["FSA"]="Term"
5  Json = cjson.encode(Struct)
6  Out=CallService(UTF82GB(Json),"TermRec")
```

调用服务需要将传入的文本处理为 GBK 编码的 JSON 格式，例如，代码 8-3 中的第 2 ~ 5 行。另外，在调用前，调用服务需要将 GPF 提供的服务接口添加到配置文件中，示例如下。

```
Service:{"name":"TermRec","IP":"127.0.0.1","Port":8080}
```

8.3.3 GPF 输出

GPF 输出形式有 3 种：终端输出、文件输出与 Web 服务输出。

1. 终端输出

无论是在 ".lua" 总控代码还是在有限状态自动机脚本中，GPF 都可利用 "print" 函数将需要输出的信息输出到终端，代码示例如下。其中，示例代码 8-4 中的第 2 行，是对待分析文本的输出。

代码 8-4

```
1    SetText("同学们，大家好！")
2    print(GetText())
```

上述代码 8-4 的运行结果如下。

```
同学们，大家好！
```

2. 文件输出

文件输出是将信息输出到指定文件中，需要在运行时将输出信息重定向到文件，其运行命令如下，将结果输出到 "output.txt"。

```
gpf.exe -lua main.lua config.txt >output.txt
```

3. Web 服务输出

GPF 网络服务利用 WebPrint 函数将待输出信息通过网络数据传输返回给用户，在网络服务端的程序脚本中使用 WebPrint 来进行信息输出，示例代码如下。

```
WebPrint(GetText())
```

8.4 GPF 的应用

GPF 既可以服务于语言研究，也可以解决实际应用问题。在语言研究方面，GPF 可以作为句法语义分析工具，探索从句法结构到语义结构转换的解决方案。在应用方面，GPF 可以作为控制器协调解决深度学习不可解释、不可控的问题。

8.4.1 短语识别

1. 目标

以下代码示例的目标是对体育场景中的比分、序数词、比赛时间进行识别。

2. 数据表

将比分、序数词、比赛时间中具有形式化特征的字或词作为识别的起点，数据表示例代码如下。

数据表 8-2

```
1    Table Merge_Entry
2    - Entry=Score
3    : Entry=Score
4    比 Entry=Score
5    第 Entry=Order
6    亚军 No=2
7    冠军 No=1
8    季军 No=3
9    上半场 Entry=Time
10   下半场 Entry=Time
11
12   Table Num_List
13   0
14   1
15   2
16   3
17   4
18   5
19   6
20   7
21   8
22   9
23   一
24   二
25   三
26   四
27   五
28   六
29   七
30   八
31   九
32   十
```

3. 有限状态自动机代码

有限状态自动机示例代码如下。

FSA 8–3

```
1   FSA Merge
2   #Param MaxLen=Yes Nearby=Yes Bound=Clause
3   #Entry EntryScore=[Entry=Score]
4   #Entry EntryOrder=[Entry=Order]
5   #Entry EntryTime=[Entry=Time]
6
7   +Num_List EntryScore +Num_List
8   {
9       Unit=Reduce(0,-1)
10      AddUnitKV(Unit,"Tag","Score")
11  }
12
13
14  EntryOrder +Num_List
15  {
16      Unit=Reduce(0,-1)
17      AddUnitKV(Unit,"Tag","No")
18  }
19
20  EntryTime [(Char=HZ +Num_List) +Num_List]
21  {
22      Unit=Reduce(0,-1)
23      AddUnitKV(Unit,"Tag","Time")
24  }
```

4. 总控代码

总控代码示例如下。

代码 8–5

```
1   require("module")
2
3   local function Merge(Sentence)
4       SetText(Sentence)
5       Segment("Merge_Entry")
6       RunFSA("Merge")
7   end
8
9   local function Demo()
10      Sent="下半场的38分钟，李明攻入第1个球。"
```

```
11      Merge(Sent)
12      Units=GetUnits("Tag=Time|Tag=Score|Tag=No")
13      for i=1,#Units do
14          print(GetText(Units[i]))
15      end
16   end
17
18   Demo()
```

5. 运行及结果

配置信息如下。

配置 8-4

```
1   {"Type":"Table","Path":"Data/Merge/"}
2   {"Type":"FSA","Path":"Data/Merge//"}
```

上述配置信息的运行命令如下。

```
gpf.exe -table   merge.tab data/Merge/
gpf.exe -fsa     merge.fsa  data/Merge/
gpf.exe -lua     merge.lua config.txt
```

上述配置信息的运行结果如下。

```
下半场的38
第1
```

8.4.2　词义消歧

1. 目标

利用同一词语不同义项的不同高频搭配词来进行词义消歧，以"苹果"一词为例。

2. 数据表

数据表示例代码如下。

数据表 8-3

```
1   Table Dict_Info
2   苹果 Sem=[Fruit Brand]
3   守门员 Sem=Person
4
5   Table Fruit_苹果
6   甜 Weight=10
7   树 Weight=9
```

```
8    种植 Weight=8
9    皮 Weight=8
10
11   Table Brand_苹果
12   手机 Weight=10
13   公司 Weight=8
14   屏幕 Weight=9
```

3. 有限状态自动机代码

有限状态自动机示例代码如下。

FSA 8-4

```
1    FSA WSD
2    #Entry EntryWord=[Sem=*]
3    #Param Order=No Bound=Clause MaxLen=No
4
5    EntryWord Sem_XB
6    {
7        UnitMain=GetUnit(0)
8        UnitSub=GetUnit(-1)
9        HeadWord=GetText(UnitMain)
10       TabWord=GetText(UnitSub)
11       Sem=GetParam("Sem")
12       TableName=Sem.."_"..HeadWord
13       Weight=GetTableKVs(TableName,TabWord,"Weight")
14       if #Weight > 0 then
15           Score=GetUnitKV(UnitMain,"Sem_"..Sem)
16           if Score ~= nil then
17               Score=tonumber(Weight[1])
18           else
19               Score=tonumber(Score)+tonumber(Weight[1])
20           end
21           AddUnitKV(UnitMain,"Sem_"..Sem,string.format("%d",Score))
22       end
23   }
```

4. 总控代码

总控代码示例如下。

代码 8-6

```
1    local function WSD(Sentence)
2        SetLexicon("Dict_Info")
3        SetText(Sentence)
4        Segment=CallService(GetText(),"segment")
```

```
5          AddStructure(Segment)
6
7          Units=GetUnits("Sem=*")
8          for i=1,#Units do
9              Sems=GetUnitKVs(Units[i],"Sem")
10             MaxScore=0
11             WS=""
12             for j=1,#Sems do
13                 RunFSA("WSD","Sem="..Sems[j])
14                 Score=GetUnitKV(Units[i],"Sem_"..Sems[j])
15                 if Score ~= "" and  Score ~= nil then
16                     Score=tonumber(Score)
17                 else
18                     Score=0
19                 end
20                 if MaxScore < Score then
21                     MaxScore = Score
22                     WS=Sems[j]
23                 end
24             end
25             if WS ~= "" then
26                 AddUnitKV(Units[i],"Sense",WS)
27             end
28         end
29     end
30
31     local function Demo()
32         Sentence="这个苹果很甜呀"
33         WSD(Sentence)
34         Units=GetUnits("Sense=*")
35         for i=1,#Units do
36             WS=GetUnitKV(Units[i],"Sense")
37             print(GetText(Units[i]),WS)
38         end
39     end
40
41     Demo()
```

5. 运行及结果

该 GPF 的 "config" 配置信息如下。

配置 8-5

```
Table:{"Path":".../.../Data/WSD/","Data":["WSDtable"]}
```

```
FSA:{"Path":".../.../Data/WSD/","Data":["WSDfsa"]}
Service:{"name":"segment","IP":"202.112.195.76","Port":8081,
"Path":
}
```

上述配置信息的运行命令如下。

```
"        gpf.exe        -table WSD.tab .../...     /Data/WSD/
          gpf.exe        -fsa   WSD.fsa .../...     /Data/WSD/
gpf.exe -lua WSD.lua config.txt
```

上述配置信息的运行结果如下。

```
苹果       Fruit
```

8.4.3 离合词识别

1. 目标

离合词有离或合的用法，这里只对离合词离的用法进行识别并合并。

2. 数据表

数据表示例代码如下。

数据表 8-4

```
1    Table Sep_V
2    #Global  Coll=[VN VC] Limit=[UChunk:RSubStruct=*]
3    喝  Coll-VC=VC_喝
4    破  Coll-VN=VN_破
5
6    Table VC_喝
7    #Global  Limit=[ChunkPos=End]
8    醉  HeadWord=喝倒
9    倒  HeadWord=喝倒
10   趴下  HeadWord=喝倒
11   光  HeadWord=喝光
12   一点不剩 HeadWord=喝光
13   一滴不剩 HeadWord=喝光
14
15   Table VN_破
16   #Global  Limit=[ChunkPos=End]
17   门    HeadWord=破门
18   十指 HeadWord=破门
```

3. 有限状态自动机

有限状态自动机示例代码如下。

FSA 8–5

```
1    FSA SepV1
2    #Include FuncLib
3    #Param Nearby=No MaxLen=No Order=Yes
4    #Entry EntrySepV=[Coll=*&UChunk:RSubStruct=*]
5
6    Word=VN_XB&To=UChunk&UChunk:RHead=sbj&GroupID=UEntry
     EntrySepV
7    {
8        UnitN=GetUnit(0)
9        UnitV=GetUnit(-1)
10       NewUnit(UnitV,UnitN,"VN")
11   }
12
13
14   EntrySepV Word=VN_XB&To=UChunk&UChunk:RHead=obj&GroupID=
     UEntry
15   {
16       UnitV=GetUnit(0)
17       UnitN=GetUnit(-1)
18       NewUnit(UnitV,UnitN,"VN")
19   }
20
21   EntrySepV Word=VC_XB&UChunk:RHead=mod&GroupID=UEntry
22   {
23       UnitV=GetUnit(0)
24       UnitC=GetUnit(-1)
25       if CheckSep(UnitV,UnitC) then
26           NewUnit(UnitV,UnitC,"VC")
27       end
28   }
29
30
31
32   FSA SepV2
33   #Include FuncLib
34   #Param Nearby=No MaxLen=No Order=Yes
35   #Entry EntrySepV=[RSubTable=*&UChunk:RSubStruct=*]
36
37   UEntry=VN&To=UChunk&UChunk:RHead=sbj EntrySepV
```

```
38   {
39       UnitN=GetUnit(0)
40       UnitV=GetUnit(-1)
41       NewUnit(UnitV,UnitN,"VN")
42   }
43
44
45   EntrySepV UEntry=VN&To=UChunk&UChunk:RHead=obj
46   {
47       UnitV=GetUnit(0)
48       UnitN=GetUnit(-1)
49       NewUnit(UnitV,UnitN,"VN")
50   }
51
52   EntrySepV UEntry=VC
53   {
54       UnitV=GetUnit(0)
55       UnitC=GetUnit(-1)
56       if CheckSep(UnitV,UnitC) then
57           NewUnit(UnitV,UnitC,"VC")
58       end
59   }
60
61
62   NameSpace   FuncLib
63
64   function NewUnit(UnitE,UnitArg,Role)
65       Tables=GetRelationKVs(UnitE,UnitArg,Role)
66       UnitNew=AddUnit(UnitE)
67       AddUnitKV(UnitNew,"Tag","SepWord")
68       AddUnitKV(UnitNew,"Word",GetWord(UnitE)..GetWord(UnitArg))
69
70       for K,Vs in pairs(Tables) do
71           for i=1,#Vs do
72               AddUnitKV(UnitNew,K,Vs[i])
73           end
74       end
75   end
76
77   function CheckSep(UnitV,UnitC)
78       To=GetUnitKV(UnitV,"To")
79       From=GetUnitKV(UnitC,"From")
80       if From-To < 3 then
81           return 1
```

```
82      end
83      return 0
84  end
```

4. 总控代码

总控代码示例如下。

代码 8-7

```
1   require("module")
2
3   local function SepWord1(Sentence)
4       SetText(Sentence)
5       DepStruct=CallService(GetText(),"dep")
6       if DepStruct == "" then
7               return
8       end
9       AddStructure(DepStruct)
10
11      Seg=CallService(GetText(),"segment")
12      if Segment == "" then
13              return
14      end
15      AddStructure(Seg)
16      Segment("Sep_V")
17      RunFSA("SepV1")
18
19  end
20
21
22  local function SepWord2(Sentence)
23      SetText(Sentence)
24      DepStruct=CallService(GetText(),"dep")
25      if DepStruct == "" then
26              return
27      end
28      AddStructure(DepStruct)
29
30      Seg=CallService(GetText(),"segment")
31      if Segment == "" then
32              return
33      end
34      AddStructure(Seg)
35
36      Relate("Sep_V")
```

```
37              FSA("SepV2")
38
39    end
40
41
42
43    local function Demo(Sent,Type)
44          if Type == 2 then
45                  SepWord2(Sent)
46          else
47                  SepWord1(Sent)
48          end
49
50
51          Units=GetUnits("Tag=SepWord")
52          for i=1,#Units do
53                  print(GetWord(Units[i]))
54          end
55    end
56
57    Sent="李明把守的大门被他破了"
58    Demo(Sent,2)
```

5. 运行及结果

配置信息如下。

配置 8-6

```
1    {"Type":"Table","Path":"Data/SepWord/"}
2    {"Type":"FSA","Path":"Data/SepWord/"}
3    {"Type":"Service","name":"dep","Path":"202.112.194.73:8085/
     depserver"}
4    {"Type":"Service","name":"seg","Path":"202.112.194.73:8081/
     segserver"}
```

上述配置信息的运行命令如下。

```
gpf.exe -table   SepWord.tab data/SepWord/
gpf.exe -fsa     SepWord.fsa  data/SepWord/
gpf.exe -lua     SepWord.lua config.txt
```

上述配置信息的运行结果如下。

```
破门
```

第9章
GPF 的 API 函数

　　GPF 是一个应用知识的可编程的计算框架，该计算框架主要包括 4 个主要部件，各个部件之间协同计算，完成应用知识的各类结构的计算。GPF 以 Lua 为基础编程语言，在此基础上，定义了一套 API 函数，完成语言结构计算功能。GPF 的语言结构计算功能包括 GPF 功能操作类 API 函数、GPF 获取类 API 函数、GPF 添加类 API 函数、GPF 测试类 API 函数 4 种。GPF 功能操作类 API 函数如图 9-1 所示，GPF 获取类 API 函数如图 9-2 所示，GPF 添加类 API 函数如图 9-3 所示，GPF 测试类 API 函数如图 9-4 所示。

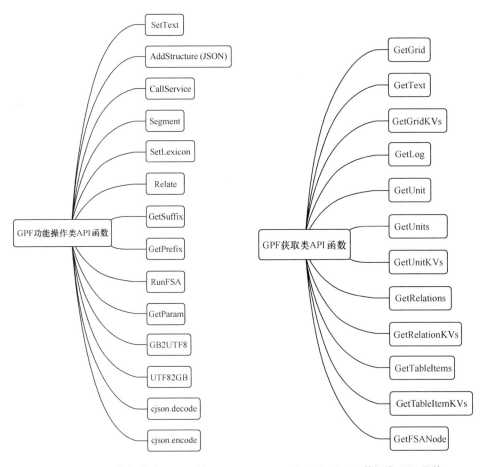

图 9-1　GPF 功能操作类 API 函数　　　　　图 9-2　GPF 获取类 API 函数

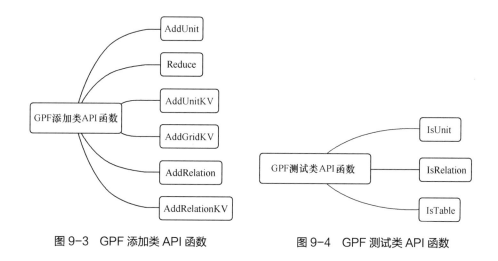

图 9-3　GPF 添加类 API 函数　　　　　图 9-4　GPF 测试类 API 函数

9.1　GPF 功能操作类 API 函数

9.1.1　SetText

功能：输入原始状态（GB 编码）的待分析文本，初始化网格，开始结构计算。

输入：string，待处理的原始形态（GB 编码）文本。

输出：无。

9.1.2　AddStructure（JSON）

功能：为网格输入 JSON 格式的语言结构。输入时，检查文本内容是否存在于网格中，如果存在，则在网格中叠加本结构；如果不存在，则重新开启新的分析网格。

输入：JSON，满足 JSON 预定义格式的初始语言结构（GB 编码）。

其中，JSON 预定义格式如下。

```
{"Type"="Sent/Word/Chunk/Tree","Units":[string/Tree],"POS":[string],
"Groups":[{"HeadID":int,"Group":[{"Role":string,"SubID":int}]}],
"ST":ST}
```

上述字段说明如下。键名 Type、Units、POS、Groups、HeadID、Group、Role、SubID 为保留字。

1. Type

当 Type 为 Sent 时，表示句子，Units 为无标注文本。

当 Type 为 Word 时，表示分词，Units 为词序列。

当 Type 为 Chunk 时，表示组块，Units 为组块序列。

当 Type 为 Tree 时，表示树结构，Units 是括号形式的树结构。

一般情况下，Type 默认为 Chunk。Type 的内容决定 Units 被导入网格时的单元类型。

2. Units

根据 Type 的内容，Units 可以是无标注文本、词序列、组块序列或者括号形式的树结构。其中，当 Type 是组块时，Units 中的每个 Unit 可以是组块，也可以是构成组块的词序列，形如 "Word/(KV KV) Word/(KV KV)..."，一个 Unit 中的 Word 连接起来组成当前组块内容。

3. POS

POS 序列对应 Units 的属性信息，当 Units 序列中某一个语言单元不需要添加到网格中时，可以在 POS 序列中将对应的元素设置为 "None"。

4. Groups

Groups 表示依存结构信息，对于非依存结构不包括这一项。

5. HeadID

HeadID 表示被依存节点信息，值为 Units 中被依存节点对应单元的序号（从 0 开始编号）。

6. Group

Group 表示依存节点信息。

7. Role

Role 表示依存节点的角色。

8. SubID

SubID 表示值为 Units 中依存节点对应单元的序号（从 0 开始编号）。

9. ST

ST 表示初始语言结构的来源信息，可以不包括这一项。

句子"王阿姨出门买菜了。"的分词词性标注结构和组块依存结构的 JSON 格式示例如下。

```
{"Type":"Word","Units":["王","阿姨","出门","买","菜","了","。"],
"POS":["nr","n","v","v","n","y","w"]}
{"Type":"Chunk","Units":["王阿姨","出门","买","菜","了","。"],"POS":
["NP","VP","VP","NP","NULL", "w"], 1], "Groups":[{"HeadID":1,
"Group":[{"Role":"sbj","SubID":0}]},{"HeadID":2,"Group":[{"Role":
"sbj","SubID":0},{"Role":"obj","SubID":3}]}]]}
```

9.1.3　CallService

第三方服务用 CallService 来调用，CallService 的语法描述如下。

```
JSON=CallService(Sent,Name)
```

功能：调用第三方服务分析文本。

输入：Sent、Name。

① Sent：待分析文本（GB 编码）。

② Name：第三方服务的名字，可以是 GPF 提供的第三方服务，也可以是用户自定义的服务，需要在配置文件中说明。

GPF 提供了 3 类第三方服务，具体描述如下。

① Segment：分词词性标注。

② Dep：组块依存分析。

③ Depseg：带分词词性标注信息的组块依存。

输出：服务返回的结果，一般是 JSON 格式（GB 编码）。

9.1.4　Segment

Segment 的语法描述如下。

```
table=Segment(TableName)
```

功能：基于数据表从左到右最长匹配，在网格中切分出新网格单元并添加表中属性。切分新单元时，受已有的网格单元形态约束，对于网格中已有的网格单元，直接添加数据表中属性。

输入：TableName。

TableName：数据表名称。

输出：所有切分单元。

9.1.5　SetLexicon

SetLexicon 的语法描述如下。

```
SetLexicon(TableName)
```

功能：网格生成新单元时自动调用，将数据表中的属性添加到网格单元属性中。

输入：TableName。

TableName：数据表名称。

输出：无。

9.1.6　Relate

Relate 的语法描述如下。

```
Relate(TableName)
```

功能：将关系型数据表导入网格单元中，数据表中的数据项对应网格单元，主表中的数据项和从表中的数据项形成的关系对应网格中的单元关系。对于网格中已有单元，则添加数据表中的属性。主表中应该含有 Coll=[关系名 1 关系名 2……]。

输入：TableName。

TableName：关系型数据表主表名。

输出：无。

9.1.7　GetSuffix

```
string=GetSuffix(TableName,Sentence)
```

功能：给定数据表 TableName，查找出现在 Sentence 中的最长后缀子串。

输入：TableName、Sentence。

① TableName：数据表名。

② Sentence：查找的字符串。

输出：最长后缀子串。

9.1.8　GetPrefix

```
string=GetPrefix(TableName,Sentence)
```

功能：给定数据表 TableName，查找出现在 Sentence 中的最长前缀子串。

输入：TableName、Sentence。

① TableName：数据表名。

② Sentence：查找的字符串。

输出：最长前缀子串。

9.1.9　RunFSA

```
RunFSA(FSAName,Param)
RunFSA(FSAName)
```

功能：在当前网格，运行名为 FSAName 的有限状态自动机，并将参数 Param 传入有限状态自动机。

输入：FSAName、Param

① FSAName：FSA 的名称。

② Param：需要传递到有限状态自动机中的参数变量，形如 "K=V K=V"。

FSA 中的 #Entry、Context 和 Operation 部分，都可以使用形为"$K"的变量。在 FSA 运行时，按照 KV 参数做相应的替换，即将 FSA 中出现的"$K"替换成 V；也可以通过 V=GetParam（K）函数取得参数。

输出：无。

9.1.10　GetParam

GetParam 的语法描述如下。

```
string=GetParam(Key)
```

功能：在 FSA 脚本的 Operation 中使用，用于读取运行该脚本时传送的参数值。

输入：Key。

Key：参数名。

输出：参数名 Key 对应的参数值。

9.1.11　GB2UTF8

GB2UTF8 的语法描述如下。

```
string=GB2UTF8(Text)
```

功能：将 GB 编码的文本 Text 转换为 UTF8 编码。

输入：Text。

Text：GB 编码的文本。

输出：UTF8 编码的文本。

9.1.12　UTF82GB

UTF82GB 的语法描述如下。

```
string=UTF82GB(Text)
```

功能：将 UTF8 编码的文本 Text 转换为 GB 编码。

输入：Text。

Text：UTF8 编码的文本。

输出：GB 编码的文本。

9.1.13　cjson.decode

cjson.decode 的语法描述如下。

```
table=cjson.decode(JSON)
```

功能：将 JSON 格式的文本解码为 Lua 中 table 类型的对象。

输入：JSON。

JSON：JSON 格式的文本。

输出：table 类型的变量。

9.1.14　cjson.encode

cjson.encode 的语法描述如下。

```
JSON=cjson.encode(table)
```

功能：将 Lua 中 table 类型的对象编码为 JSON 格式的文本。

输入：table。

table：table 类型的变量。

输出：JSON 格式的文本。

9.2　GPF 获取类 API 函数

9.2.1　GetGrid

GetGrid 的语法描述如下。

```
table=GetGrid()
```

功能：取得当前网格的网格单元。

输入：无。

输出：返回值为存放网格单元的 table 类型变量。

GetGird 的示例代码如下。

代码 9-1

```
1  GridInfo=GetGrid()
2  for i,Col in pairs(GridInfo) do
3      for j,Unit in pairs(Col) do
4          print(GetText(Unit))
5      end
6  end
```

9.2.2　GetText

GetText 的语法描述如下。

```
string=GetText()
string=GetText(UnitNo)
string=GetText(From,To)
```

GetText 的功能描述如下。

① 当无参数时，其功能为取得待分析文本。

② 当参数为 UnitNo 时，其功能为取得网格单元 UnitNo 中的字符串。

③ 当参数为 From、To 时，其功能为根据起始位置 From 和终止位置 To，取得网格区间的字符串。

输入：UnitNo、From、To。

① UnitNo：网格单元编号。

② From：整型，即为网格的起始列。

③ To：整型，即为网格的终止列。

输出：字符串。

9.2.3 GetGridKVs

GetGridKVs 的语法描述如下。

```
table=GetGridKVs()
table=GetGridKVs(Key)
```

GetGridKVs 的功能描述如下。

① 当没有参数时，其功能是取得当前网格的全部属性信息。

② 当参数为 Key 时，其功能是取得当前网格属性 Key 对应的属性值。

输入：Key。

Key：属性名。

输出：存放属性信息的 table 类型变量。

① 如果返回值为当前网格的全部属性信息，则返回值遍历的示例代码如下。

代码 9-2

```
1    Table=GetGridKVs()
2    for K,Vs in pairs(Table) do
3        print(K)
4        for i=1,#Vs do
5            print(Vs[i])
6        end
```

```
7  end
```

② 如果返回值为当前网格属性 Key 对应的属性值，则返回值遍历的示例代码如下。

代码 9-3

```
1  Vs=GetGridKVs(Key)
2  for i=1,#Vs do
3      print(Vs[i])
4  end
```

9.2.4　GetLog

GetLog 的语法描述如下。

```
table=GetLog()
```

功能：取得分析日志。

输入：无。

输出：存放网格分析日志的 table 类型变量。

GetLog 的示例代码如下。

代码 9-4

```
1  Table=GetLog()
2  for i=1,# Table do
3      print(Table[i])
4  end
```

9.2.5　GetUnit

```
UnitNo=GetUnit(PathNo)
```

功能：在 FSA 的 Operation 部分使用，取得 FSA 路径上节点对应的网格单元。

输入：PathNo。

PathNo：FSA 路径节点编号。

输出：网格单元编号。

9.2.6　GetUnits

```
table= GetUnits(KV)
```

```
table= GetUnits(UnitNo,UT)
table= GetUnits(UnitNo,UT,KV)
```

GetUnits 的功能描述如下。

① GetUnits(KV)：在网格中，输出所有满足 KV 表达的网格单元。

② GetUnits(UnitNo，UT)：在网格中，当前单元为 UnitNo，输出其 UT 的单元。

③ GetUnits(UnitNo，UT，KV)：在网格中，当前单元为 UnitNo，输出其 UT 的单元，这些单元还要满足 KV 表达。

输入：UnitNo、UT、KV。

① UnitNo：网格单元编号 。

② UT：U 型。

③ KV：键值表达式。

输出：满足参数条件的网格单元构成的 table 类型变量。

GetUnits 的示例代码如下。

代码 9-5

```
1  Table=GetUnits (KV)
2  for i=1,#table do
3      GetText(table[i])
4  end
```

9.2.7 GetUnitKVs

GetUnitKVs 的语法描述如下。

```
table=GetUnitKVs(UnitNo)
table/string/int=GetUnitKVs(UnitNo,Key)
```

GetUnitKVs 的功能描述如下。

① 当参数为 UnitNo 时，其功能是取得网格单元 UnitNo 所有属性信息。

② 当参数为 UnitNo 和 Key 时，其功能是取得网格单元 UnitNo 属性名为 Key 的所有属性值。

输入：UnitNo、Key。

① UnitNo：网格单元编号。

② Key：属性名。

输出：存放网格单元属性信息的 table 类型变量。

① 当取得网格单元 UnitNo 所有属性信息时，遍历返回值的示例代码如下。

代码 9-6

```
1   Table=GetUnitKVs(UnitNo)
2   for K,Vs in pairs(Table) do
3       print(K)
4       for i=1,#Vs do
5           print(Vs[i])
6       end
7   end
```

② 当取得网格单元 UnitNo 属性名为 Key 的所有属性值时，根据属性值情况返回不同类型的变量。如果属性名 Key 对应的属性值唯一，则根据属性值的具体内容返回 string 类型的变量或 number 类型的变量；如果属性名 Key 对应的属性值为多个时，则返回 table 类型的变量，此时遍历返回值的示例代码如下。

代码 9-7

```
1   Table=GetUnitKVs(UnitNo, Key)
2   for i=1, #Table do
3       print(Table[i])
4   end
```

9.2.8 GetRelations

GetRelations 的语法描述如下。

```
table=GetRelations()
table=GetRelations(KV)
```

GetRelations 的功能描述如下。

① 当无参数使用时，其功能是取得当前网格内所有关系。

② 当参数为 KV 时，其功能是取得当前网格中满足该键值表达式的关系。

输入：KV。

KV：键值表达式。

输出：存放网格单元间关系的 table 类型的变量。

GetRelations 的示例代码如下。

```
1   Table=GetRelations()
2   for #i=1,#Table do
3       print(Table[i]["U1"],Table[i]["U2"],Table[i]["R"])
4   end
```

9.2.9 GetRelationKVs

GetRelationKVs 的语法描述如下。

```
table=GetRelationKVs(U1,U2,Role)
table=GetRelationKVs(U1,U2,Role,Key)
```

GetRelationKVs 的功能描述如下。

① 当参数为 U1、U2、Role 时，其功能是取得二元关系（U1，U2，Role）的全部属性值。

② 当参数为 U1、U2、Role、Key 时，其功能是取得二元关系（U1，U2，Role）属性中属性名 Key 对应的值。

输入：U1、U2、Role、Key。

① U1：主网格单元编号。

② U2：从网格单元编号。

③ Role：关系名。

④ Key：属性名。

输出：存放网格单元间关系属性信息的 table 类型变量。

① 如果取得全部网格单元间关系的属性，则对返回值 Table 遍历的示例代码如下。

代码 9-9

```
1   Table=GetRelationKVs(U1,U2,Role)
2   for K,Vs in pairs(Table) do
3       print(K)
4       for i=1,#Vs do
5           print(Vs[i])
6       end
7   end
```

② 如果取得网格单元间关系属性名 Key 对应的属性值，则对返回值 Table

遍历的示例代码如下。

代码 9–10

```
1  Table=GetRelationKVs(U1,U2,Role,Key)
2  for i=1, #Table do
3      print(Table[i])
4  end
```

9.2.10　GetTableItems

GetTableItems 的语法描述如下。

```
table=GetTableItems(TableName)
table=GetTableItems(TableName,KV)
```

GetTableItems 的功能描述如下。

① 当参数为 TableName 时，其功能是取得数据表 TableName 中的所有数据项。

② 当参数为 TableName 和 KV 时，其功能是取得数据表 TableName 中满足键值表达式 KV 的数据项。

输入：TableName、KV。

① TableName：数据表名。

② KV：键值表达式

输出：数据项构成的 table 类型的变量。

GetTableItems 的示例代码如下。

代码 9–11

```
1  Table=GetTableItems(TableName)
2  for i=1, #Table do
3      print(Table[i])
4  end
```

9.2.11　GetTableItemKVs

GetTableItemKVs 的语法描述如下。

```
table=GetTableItemKVs(TableName,Item)
table=GetTableItemKVs(TableName,Item,Key)
```

GetTableItemKVs 的功能描述如下。

① 当输入参数为 TableName、Item 时，其功能是给定数据表 TableName，取得数据项 Item 的所有属性。

② 当输入参数为 TableName、Item、Key 时，其功能是给定数据表 TableName，取得数据项 Item 属性 Key 对应的属性值。

输入：TableName、Item、Key。

① TableName：数据表名。

② Item：数据项。

③ Key：属性名。

输出：存放数据项属性信息的 table 类型变量。

① 如果取得数据项 Item 的所有属性，则对返回值 Table 遍历的示例代码如下。

代码 9-12

```
1  Table=GetTableItemKVs(TableName,Item)
2  for K,Vs in pairs(Table) do
3      print(K)
4      for i=1,#Vs do
5          print(Vs[i])
6      end
7  end
```

② 如果取得数据项 Item 属性 Key 对应的属性值，则对返回值 Table 遍历的示例代码如下。

代码 9-13

```
1  Table=GetTableItemKVs(TableName,Item,Key)
2  for i=1, #Table do
3      print(Table[i])
4  end
```

9.2.12　GetFSANode

GetFSANode 的语法描述如下。

```
No=GetFSANode(-1)
No1,No2=GetFSANode("$Tag")
```

GetFSANode 的功能描述如下。

① 当参数为 −1 时，其功能是在 FSA 中，取得 FSA 路径上最后一个节点的正向编号。

② 当参数为 "$Tag" 时，其功能是在 FSA 中，取得 FSA 路径上被 "$Tag" 标记的节点的起始编号和终止编号。

输入：−1、Tag。

① −1：路径最后一个节点。

② Tag：以 "$" 开始的节点变量。

输出如下。

① No：−1 的路径编号。

② No1，No2：Tag 的起始路径编号和终止路径编号。

9.3　GPF 添加类 API 函数

9.3.1　AddUnit

```
UnitNo=AddUnit(ColNo,String,Type)
UnitNo=AddUnit(ColNo,String)
UnitNo=AddUnit(UnitNo)
```

AddUnit 的主要功能描述如下。

① 参数为 ColNo 和 String 时，其功能是在网格的 ColNo 列中，增加一个新单元，单元的 Word 为 String，该新增的网格单元不是独立存在的，与网格中的其他单元之间有位置关系。

② 参数为 UnitNo 时，其功能是在网格中，根据 UnitNo 中 To 的信息，生成一个新单元，该单元与网格中的其他单元没有位置关系，即该单元不具备网格性质，没有 U 型信息。

输入：ColNo、String、Type、UnitNo。

① ColNo：网格列编号（整型）。

② String：生成单元的 Word。

③ Type：单元类型，表示 Phrase、Word、Chunk。

④ UnitNo：网格单元。

输出如下。

UnitNo：新生成的网格单元。

9.3.2 Reduce

```
UnitNo=Reduce(From,To)
```

功能：按照当前的 FSA 路径，合并网格内多个单元，生成一个新的单元。

输入：From、To。

① From：起始 FSA 路径编号（整型）。

② To：结束 FSA 路径编号（整型）。

输出如下。

UnitNo：新生成的网格单元编号。

9.3.3 AddUnitKV

AddUnitKV 的语法描述如下。

```
AddUnitKV(UnitNo,Key,Val)
```

功能：为网格单元添加属性。

输入：UnitNo、Key、Val。

① UnitNo：网格单元。

② Key：属性名。

③ Val：属性值。

输出：无。

9.3.4 AddGridKV

AddGridKV 的语法描述如下。

```
AddGridKV(Key,Val)
```

功能：为网格添加属性。

输入：Key、Val。

① Key：属性名。

② Val：属性值。

输出：无。

9.3.5　AddRelation

AddRelation 的语法描述如下。

```
AddRelation(U1,U2,Role)
```

功能：为网格添加二元关系。

输入：U1、U2、Role。

① U1：主网格单元。

② U2：从网格单元。

③ Role：关系名。

输出：无。

9.3.6　AddRelationKV

AddRelationKV 的语法描述如下。

```
AddRelationKV(U1,U2,Role,Key,Val)
```

功能：为二元关系（U1，U2，Role）添加属性 Key=Val，首先保证存在（U1，U2，Role）关系，否则函数不执行。

输入：U1、U2、Role、Key、Val。

① U1：主网格单元。

② U2：从网格单元。

③ Role：关系名。

④ Key：属性名。

⑤ Val：属性值。

输出：无。

9.4 GPF 测试类 API 函数

9.4.1 IsUnit

IsUnit 的语法描述如下。

```
bool=IsUnit(UnitNo,KV)
```

功能：测试网格单元 UnitNo 是否满足键值表达式 KV。

输入：UnitNo、KV。

① UnitNo：网格单元编号。

② KV：键值表达式。

输出：布尔值。

9.4.2 IsRelation

IsRelation 的语法描述如下。

```
bool=IsRelation(U1,U2,Role)
bool=IsRelation(U1,U2,Role,KV)
```

IsRelation 的功能描述如下。

① 当参数为 U1、U2 和 Role 时，其功能是测试存不存在该二元关系。

② 当参数为 U1、U2、Role 和 KV 时，其功能是测试该二元关系满不满足键值表达式 KV。

输入：U1、U2、Role、KV。

① U1：主网格单元编号。

② U2：从网格单元编号。

③ Role：关系名。

④ KV：键值表达式。

输出：布尔值。

9.4.3 IsTable

IsTable 的语法描述如下。

```
bool=IsTable(TableName)
bool=IsTable(TableName,Item)
bool=IsTable(TableName,Item,KV)
```

IsTable 的功能描述如下。

① 当参数为 TableName 时，其功能是测试存不存在数据表 TableName。

② 当参数为 TableName 和 Item 时，其功能是测试数据表 TableName 中存不存在数据项 Item。

③ 当参数为 TableName、Item 和 KV 时，其功能是测试数据表 TableName 中的数据项 Item 满不满足键值表达式 KV。

输入：TableName、Item、KV。

① TableName：数据表名。

② Item：数据项。

③ KV：键值表达式。

输出：布尔值。

参考文献

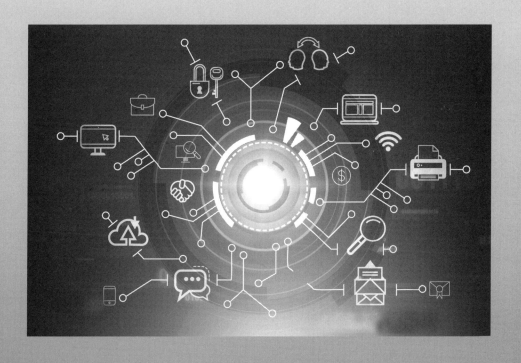

[1] Mcrve En,陈养铃 . 句法—语义接口 [J]. 国外语言学,1993(2):30-38.

[2] 曹火群 . 题元角色: 句法—语义接口研究 [D]. 上海: 上海外国语大学,
2009.

[3] 范晓 . 三个平面的语法观 [M]. 北京: 北京语言大学出版社, 1998.

[4] 冯志伟, Daniel Jurafsky, James H. Martin, 自然语言处理综论 [M].
北京: 电子工业出版社, 2018.

[5] 胡壮麟 . 语言学教程 [M]. 北京: 北京大学出版社, 1988.

[6] 黄伯荣, 廖序东 . 现代汉语 [M]. 北京: 高等教育出版社, 1991.

[7] 李霓 . 索绪尔的二元符号观和语义三角理论: 继承与发展 [J]. 外语学刊,
2013(6):4.

[8] 刘奇 . 基于 FPGA 的 RNN 硬件实现与自然语言处理 [D]. 北京: 北京理
工大学, 2018.

[9] 刘英蘋 . 语义三角理论与英语词汇教学原则与方法 [J]. 沈阳农业大学
学报（社会科学版）, 2014(3):4.

[10] 鲁川 . 汉语语法的意合网络 [M]. 北京: 商务印书馆, 2001.

[11] 陆俭明 . 句法语义接口问题 [J]. 外国语, 2006,（ 3):30-35.

[12] 陆俭明 . 现代汉语语法研究教程 [M]. 北京: 北京大学出版社, 2003.

[13] 束定芳, 田臻 . 语义学十讲 [M]. 上海: 上海外语教学出版社, 2019.

[14] 孙道功 . 基于大规模语义知识库的"词汇—句法语义"接口研究 [J].
语言文字应用, 2016(2):125-134.

[15] 邵敬敏 . 关于语法研究中三个平面的理论思考——兼评有关的几种理
解模式 [J]. 南京师大学报（社会科学版）, 1992(4):65-71.

[16] 萧国政 . 语法事件与语义事件——面向人工智能的语言研究 [J]. 长江
学术, 2020(2):83-98.

[17]　熊学亮．简明语用学教程 [M].上海：复旦大学出版社，2008.

[18]　叶蜚声．徐通锵．语言学纲要 [M].北京：北京大学出版社，1981.

[19]　袁毓林．基于认知的汉语计算机语言学研究 [M].北京：北京大学出版社，2008.

[20]　袁毓林．汉语配价语法研究 [M].北京：商务印书馆，2010.

[21]　张斌．现代汉语描写语法 [M].北京：商务印书馆，2010.

[22]　郑婕．NLP 汉语自然语言处理原理与实践 [M].北京：电子工业出版社，2017.

[23]　朱德熙．语法讲义 [M].北京：商务印书馆．1982.